高等学校建筑环境与能源应用工程专业
“十三五”规划·“互联网+”创新系列教材

建设安装工程造价与项目管理

主　编　向立平　李　莎　唐海兵
副主编　凌　丽

中南大学出版社
www.csupress.com.cn
长沙

图书在版编目（CIP）数据

建设安装工程造价与项目管理／向立平，李莎，唐海兵主编．--长沙：中南大学出版社，2018.11

ISBN 978-7-5487-3454-3

Ⅰ.①建… Ⅱ.①向… ②李… ③唐… Ⅲ.①建筑工程—工程造价 ②建筑工程—工程项目管理 Ⅳ.①TU723.3 ②TU71

中国版本图书馆CIP数据核字(2018)第239663

建设安装工程造价与项目管理

主编 向立平 李 莎 唐海兵

□责任编辑 刘颖维
□责任印制 易红卫
□出版发行 中南大学出版社
社址：长沙市麓山南路 邮编：410083
发行科电话：0731-88876770 传真：0731-88710482
□印 装 长沙市宏发印刷有限公司

□开 本 787×1092 1/16 □印张 12.25 □字数 300千字
□版 次 2018年11月第1版 □2018年11月第1次印刷
□书 号 ISBN 978-7-5487-3454-3
□定 价 42.00元

高等学校建筑环境与能源应用工程专业
“十三五”规划·“互联网+”创新系列教材编委会

出版说明

Publisher's Note

遵照《国务院关于印发"十三五"国家战略性新兴产业发展规划的通知》(国发〔2016〕67号)提出的推进"互联网+"行动，拓展"互联网+"应用，促进教育事业服务智能化的发展战略，中南大学出版社理工出版中心、中南大学廖胜明教授、湖南大学杨昌智教授、南华大学王汉青教授等共同组织国内建筑环境与能源应用工程领域的一批专家、学者组成了"高等学校建筑环境与能源应用工程专业'十三五'规划·'互联网+'创新系列教材"编委会，以共同商讨、编写、审定、出版这套系列教材。

本套教材的编写原则与特色有以下几点。

1. 新颖性

本套教材打破传统的教材出版模式，融入"互联网+""虚拟化、移动化、数据化、个性化、精准化、场景化"的特色，最终建立多媒体教学资源服务平台，打造立体化教材。并采用"互联网+"的形式出版，其特点为：扫描书中的二维码，可阅读丰富的工程图片、演示动画、操作视频、工程案例、拓展知识、三维模型等。

2. 严谨性

本套教材以《高等学校建筑环境与能源应用工程本科指导性专业规范》为指导，教材内容是在严格按照规范要求的基础上编写、展开和丰富的，精益求精，认真把好编写人员遴选关、教材大纲评审关、教材内容主审关。另外，关于本套教材的编辑出版，中南大学出版社将严格按照国家相关出版规范和标准执行，认真把好编辑出版关。

3. 实用性

本套教材主要针对21世纪学生的知识结构与素质特点，以应用型人才培养为目标，注重理论知识与案例分析相结合，传统教学方式与基于现代信息技术的教学手段相结合，重点培养学生的工程实践能力，提高学生的创新素质。

4. 先进性

本套教材既突出建筑环境与能源应用工程专业理论知识的传承，又尽可能全面地反映该领域的新理论、新技术和新方法。本着面向实践、面向未来、面向世界的教育理念，培养符合社会主义现代化建设需要，面向国家未来建设，适应未来科技发展，德智体美全面发展以及具有国际视野的建筑环境与能源应用工程专业高素质人才。

本套教材不仅仅是面向建筑环境与能源应用工程专业本科生的课程教材，还可以作为其他层次的学历教育和短期培训教材，以及广大建筑环境与能源应用工程专业技术人员的专业参考书。由于我们的水平和经验有限，这套教材可能会存在不尽如人意的地方，敬请读者朋友们不吝赐教。编委会将根据读者意见、建筑环境与能源应用工程专业的发展趋势和教学手段的提升，对教材进行认真的修订，以期保持这套教材的时代性和实用性。

编委会
2018年1月

内容简介

Abstract

本书以理论与实践相结合的方式，结合学生的实际能力水平和行业专业技能要求，参考了一些国家级的教学改革方法和精品课程建设的经验，以及注册建造师职业资格考试中有关工程造价与项目管理相关内容。本书中主要内容包括：绪论，建设安装工程定额，建设安装工程造价管理，建设安装工程概预算的编制，建设安装工程经济分析，建设安装工程招标投标及合同管理，建设安装工程施工进度管理，建设安装工程施工质量与安全管理，计算机在工程概预算中的应用。

本书可作为高等学校建筑环境与能源应用工程专业的教材，也可作为相关专业及有关工程技术人员的参考用书。

前言

Preface

建设安装工程造价与项目管理是研究工程造价和工程项目管理理论与方法的学科，涉及建筑设备工程造价、施工技术、项目管理等相关知识。为了更好地培养具有较高素质和实践能力的工程技术人员，为学生走向工作岗位打下良好的基础，本书编者根据多年的教学和实践经验以及对社会需求的调查研究，以培养复合型人才为宗旨，编写了本书。

本书有如下特点：

一是内容全面、系统。本书从我国职业资格考试需求出发，以工程造价全过程管理为主线，全面系统地介绍了工程造价的组成、计价依据以及建设工程造价管理理论和方法，力求使学生形成一种系统的、协调的、整体优化的工程造价与工程项目管理理念。

二是使用性强。本书在编写过程，结合我国职业资格考试的要求，遵循理论与工程实践相结合，在阐述工程造价与工程项目管理理论的同时，更加注重工程造价与管理的操作性和实用性。

本书由向立平、李莎、唐海兵主编。具体编写分工如下：南华大学向立平编写绪论、第8章、第9章；天津工业大学李莎编写第2章、第3章、第4章、第6章、第7章；长沙理工大学唐海兵编写第1章、第5章；湖南工业大学凌丽参与编写部分章节内容和习题。

本书在编写过程参考了很多专家、学者的论著，在此谨向原作者表示衷心感谢。

由于作者水平有限，本书难免存在不足之处，诚意接受广大读者批评指正。

编者

2018.7

目录

Contents

第1章 绪 论

1.1 建设安装工程项目管理相关概念

工程项目管理是指通过一定的组织形式，用系统的观点、理论和方法对工程项目生命周期内的所有工作，包括项目建议书的编制、可行性研究、项目决策、项目设计、设备询价、施工、签证、验收等系统过程进行计划、组织、指挥、协调和控制，以达到保证工程质量、缩短工期、提高投资效益的目的。

1.1.1 工程项目及分类

1. 项目的概念与分类

项目是指一系列独特的、复杂的并相互关联的活动，这些活动都有一个明确的目标或目的，必须在特定的时间、预算、资源限定内依据规范完成。项目参数包括项目范围、质量、成本、时间和资源。

项目作为被管理的对象，具有如下特征：

(1)项目的单件性

这是项目最主要的特征，它指的是任何项目都有自己的任务内容、完成的过程和最终的成果，不会完全相同。项目不同于工业生产的批量性和生产过程的重复性，每个项目都有自己的特点，每个项目都不同于别的项目，只有认识项目的单件性，才能有针对性地根据项目的特殊情况和要求而进行有效的、科学的管理。

(2)目标的特定性

任何项目都有自己的特定目标，围绕这一特定目标会形成其约束条件，必须在约束条件下完成目标。一般来说，约束条件为限定的时间、限定的质量和限定的投资(工程项目还有限定的空间要求)。这就要求在项目实施前必须进行周密的策划，如合理安排好工期、成本、资源，提出质量标准等，在项目实施进程中的各项工作都是为了完成项目的特定目标而进行的。

(3)项目的系统性

在现代社会中，一个项目往往是由许多个单体组成的，同时又要求几十、几百甚至上千个单位共同协作，由成千上万个在时间空间上相互影响制约的活动构成。每一个项目在作为其子系统的母系统的同时，又是其更大的母系统中的子系统，这就要求在项目运作中，必须全面、动态、统筹兼顾地分析处理问题，以系统的观念指导我们的工作。

项目可按规模分类为大型项目、中型项目、小型项目；可按复杂程度分类为复杂项目、简单项目；可按结果分类为产品和服务；可按行业分类为农业、工业、投资、建设、科研项目等；可按用户状况分类为有明确用户项目和无明确用户项目。

2. 工程项目的概念与分类

工程项目是指投资建设领域中的项目，即为某种特定目的而进行投资建设并含有一定建筑或建筑安装工程的项目。

对工程项目进行不同分类的观察、分析，可深入研究其投资结构，以便加强宏观管理和调控，更好地发挥建设投资的经济效益和社会效益。

按投资的再生产性质，工程项目可划分为基本建设项目和更新改造项目，基本建设项目又可分为新建、扩建、改建、迁建、重建项目等。更新改造项目又可分为技术改造、技术引进、设备更新项目等。

按建设规模，工程项目可划分为大型项目、中型项目、小型项目。

按建设阶段，工程项目可划分为预备、新开工、施工、续建、投产、收尾、停建项目等。

按投资建设的用途，工程项目可划分为生产性建设项目和非生产性建设项目，生产性建设项目又可分为工业项目、运输项目、农田水利项目、能源项目。非生产性建设项目又可分为经营性项目和非经营性项目。

按资金的来源，工程项目可划分为国家预算拨款、国家拨改贷、银行贷款、企业联合投资、企业自筹、利用外资、外资项目。

3. 工程项目的特点

工程项目是最为常见和最为典型的项目类型，是项目管理的重点。工程项目具有如下特点：

(1)具有特定的对象

任何项目都应有具体的对象，项目对象确定了项目的最基本特性，是项目分类的依据；同时它又确定了项目的工作范围、规模及界限。整个项目的实施和管理都是围绕着这个对象进行的。

工程项目的对象通常是有着预定要求的工程技术系统。而“预定要求”通常可以用一定的功能要求、实物工程量、质量等指标来表达。如工程项目的对象可能是：

①一定制冷量的冷库。

②一定生产能力的车间或工厂。

③一定长度和等级的公路。

④一定发电量的发电站。

⑤一定规模的医院、住宅小区等。

工程项目的对象通常都是由可行性研究报告、项目任务书、设计图纸、规范和实物模型等定义和说明的。

(2)具有程序性

工程项目需要遵循必要的建设程序和经过特定的建设过程。

工程项目的对象在项目的生命期中经历了由构思到实施、由总体到具体的过程。通常，它会在项目的前期策划和决策阶段得到确定，在项目的设计和计划阶段被逐渐分解、细化和具体化，并通过项目的施工过程一步步得到实现，并在运行(使用)中实现价值。

(3)具有约束性

人们对工程项目的需求有一定的时间限制，都希望能尽快地实现项目的目标，发挥项目的效用，没有时间限制的工程项目是不存在的。一方面，一个工程项目的持续时间是一定的，即任何项目都不可能无限期延长，否则这个项目就毫无意义。另一方面，市场经济条件下工程项目的作用、功能、价值只能在一定历史阶段中体现出来，因此项目的实施必须在一定的时间范围内进行。

此外，工程项目还有资金限制和经济性要求，这表现在：

必须是按投资者(企业、国家、地方等)所具有的或能够提供的财力策划相应工程范围和规模的项目。

必须按项目实施计划安排资金计划，并保障资金供应。

以尽可能少的费用消耗(投资、成本)完成预定的工程目标，达到预定的功能要求，提高工程项目的整体经济效益。

现代工程项目的资金来源渠道较多，投资呈多元化，人们对项目的资金限制越来越严格，经济性要求也会越来越高，这就要求尽可能做到全面的经济分析、精确的预算和严格的投资控制。

(4)一次性

任何工程项目作为总体来说都是一次性的，不重复的。它经历前期策划、批准、设计和计划、施工、运行的全过程，最后结束。即使在形式上极为相似的项目，例如两个相同的产品、相同产量、相同工艺的生产流水线，两栋建筑造型和结构形式完全相同的房屋，也必然会存在着差异和区别，例如实施时间不同、环境不同、项目组织不同、风险不同等，所以它们之间无法等同，也无法替代。

项目的一次性是项目管理区别于企业管理最显著的标志之一。通常的企业管理工作，特别是企业职能管理工作，虽然有阶段性，但它却是循环的，无终了的，具有继承性。而项目是一次性的，这就决定了项目管理也是一次性的，对任何项目都有一个独立的管理过程，它的计划、控制、组织都是一次性的。工程项目的一次性特点对项目的组织和组织行为的影响尤为显著。

(5)特殊的组织和法律条件

由于社会化大生产和专业化分工，现代工程项目都有几十个、几百个，甚至几千、几万个单位和部门参加。要保证项目有秩序、按计划实施，必须建立严密的项目组织。与企业组织相比，项目组织有它的特殊性。

企业组织按企业法和企业章程建立，组织单元之间主要为行政的隶属关系，组织单元之间的协调和行为规范要按企业规章制度执行，企业组织结构是相对稳定的。

而工程项目组织是一次性的，随项目的确立而产生，随项目的结束而消亡；项目参加单位之间主要靠合同作为纽带，建立起组织，同时以经济合同作为分配工作、划分责权关系的依据；而项目参加单位之间在项目过程中的协调主要是通过合同和项目管理规则实现的；项目组织是多变的，不稳定的。

工程项目适用于其建设和运行相关的法律条件，例如：合同法、环境保护法、税法、招投标法，等等。

(6)复杂性和系统性

现代工程项目越来越具有如下特征：

①项目规模大、范围广、投资大。

②有新知识、新工艺的要求，技术复杂、新颖。

③由许多专业组成，有几十个、上百个甚至几千个单位共同协作，并由成千上万个在时间和空间上相互影响、互相制约的活动构成。

④工程项目要经历由构思、决策、设计、计划、采购供应、施工、验收到运行的全过程，项目使用期长，对全局影响大，且受多目标的限制，如资金限制、时间限制、资源限制、环境限制等。

4. 工程项目的组成

一个建设工程项目是由若干个单项工程、单位工程、分部工程、分项工程组成的，如图1－1所示。

(1)建设工程项目

建设工程项目是指经过有关部门批准立项文件和设计任务书，经济上实行独立核算，行政上实行统一管理的工程项目。是在一个场地或几个场地上，能按照一个总体设计进行建设的各个单项工程的总和。

在我国通常把建设一个企业、事业单位或一个独立工程项目作为一个建设工程项目。凡属于一个总体设计中分期分批建设的主体工程、水电气供应工程、配套或综合利用工程都应归作为一个建设工程项目。不能把不属于一个总体设计的工程，归作为一个建设工程项目；也不能把同一个总体设计内的工程，按地区或施工单位分为几个建设工程项目。

(2)单项工程

单项工程又称工程项目，是建设项目的组成部分。单项工程是具有独立的设计文件，建成后可以独立发挥生产能力和使用效益的工程。单项工程中一般包括建筑工程和安装工程，如工业建设中的一个车间或一幢住宅楼、配电房、食堂是构成该建设项目的单项工程；一所医院的门诊楼、办公楼、检验楼、住院部楼、食堂、住宅楼等均属单项工程。有时，一个建设项目只有一个单项工程，则此单项工程也就是建设工程项目。

(3)单位工程

单位工程是单项工程的组成部分。单位工程是指具有独立的设计文件，可以独立组织施工和单项核算，但不能独立发挥其生产能力和使用效益的工程项目。单位工程不具有独立存在的意义，它是单项工程的组成部分。

工业和民用建筑物工程中的一般土建工程、装饰装修工程、电气照明工程、设备安装工程等均属于单位工程。一个单位工程由多个分部工程构成。

单位工程一般是施工企业的产品，如车间的土建工程、电气工程、给排水工程、机械安装工程等。

(4)分部工程

分部工程是单位工程的组成部分。分部工程是指按工程的部位、结构形式的不同划分的

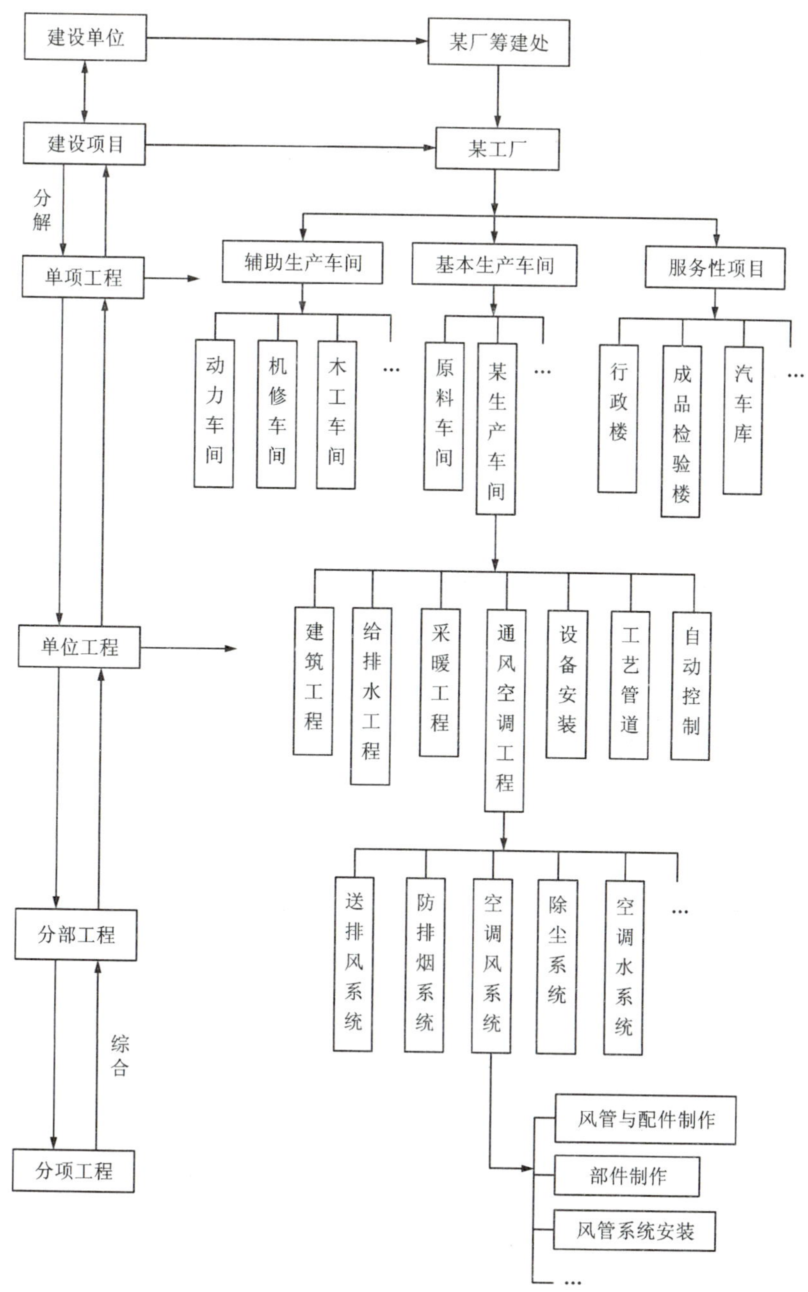

图1-1　建设项目分解示意图

工程项目。如建筑工程中包括土石方工程、桩与地基基础工程、砌筑工程、混凝土及钢筋混凝土工程、厂库房大门工程、特种门木结构工程、金属结构工程、屋面及防水结构工程等多个分部工程。安装工程的分部工程是按工程的种类和部位划分的，如管道工程、电气工程、通风工程以及设备安装工程。

(5)分项工程

分项工程是分部工程的组成部分，分项工程一般是根据工种、构件类别、使用材料的不同，并能按某种计量单位计算，以及便于测定或统计工程的基本构造要素和工程量来划分的。

土建工程的分项工程是按建筑工程的主要工程划分的，如混凝土及钢筋混凝土工程中的带形基础、独立基础、满堂基础、设备基础、矩形柱、有梁板、阳台、楼梯、雨篷、挑檐等就均属分项工程。安装工程的分项工程是按用途或输送不同介质、物料以及材料、设备的组别来划分的，如安装管、线(m、km)、安装设备(台、座、套)、刷油漆面积(100 m^2)等。

只有建设项目、单项工程、单位工程的施工才能称为施工项目，而分部、分项工程是不能称为施工项目的。因为前者是施工企业的产品，而后者不是完整的产品。

1.1.2 工程项目管理

1. 工程项目管理的基本内容

为了实现项目管理目标，必须对项目进行全过程的多方面的管理，从不同角度对工程项目管理有不同的描述：

从管理学角度，是指通过计划、组织、人事、领导和控制等职能，设计和保持一种良好的环境，从而使项目参加者在项目组织中高效率地完成既定的项目任务。

按一般管理工作过程，是指预测、决策、计划、控制、反馈等工作。

按系统工程方法，是指确定目标、制定方案、实施方案、跟踪检查等工作。

2. 工程项目管理的主要目标

专业目标(功能、质量、生产能力等)，工期目标和费用(成本、投资)目标，它们共同构成项目管理的目标体系，如图 1－2 所示。

工程项目管理的三大目标通常由项目任务书、技术设计和计划文件、合同文件(承包合同和咨询合同等)具体地定义。这三者在项目生命期中有如下特征：

①三者共同构成项目管理的目标系统，互相联系，互相影响，某一方面的变化必然引起另两个方面的变化，例如过于追求缩短工期，必然会损害项目的功能(质量)，引起成本增加。所以项目管理应追求它们三者之间的优化和平衡。

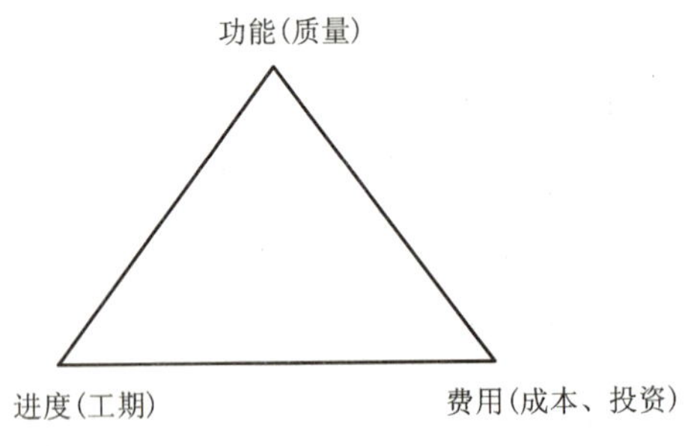

图 1－2 项目管理目标体系

②这三个目标在项目的策划、设计、计划过程中要经历由总体到具体，由概念到实施，由简单到详细的过程。项目管理的三大目标必须分解落实到具体的各个项目单元(子项目、活动)上，这样才能保证总目标的实现，并形成一个控制体系，所以项目管理又是目标管理。

③项目管理必须保证三者结构关系的均衡性和合理性，任何强调最短工期、最高质量、最低成本的项目管理都是片面的。三者的均衡性和合理性不仅体现在项目总体上，而且体现

在项目的各个单元上，构成项目管理目标的基本逻辑关系。

3. 工程项目管理的工作内容

工程项目管理的目标是通过项目管理工作实现的，为了实现项目管理目标，必须对项目进行全过程的多方面的管理。从不同的角度，工程项目管理有不同的描述：

将管理学中对“管理”的定义进行拓展，则“工程项目管理”就是指通过计划、组织、人事、领导和控制等职能，设计和保持一种良好的环境，从而使项目参加者在项目组织中高效率地完成既定的项目任务。

按照一般管理工作的过程，建设工程项目管理可分为对项目的预测、决策、计划、控制、反馈等工作。

按照系统工程方法，建设工程项目管理可分为确定目标、制定方案、实施方案、跟踪检查等工作。

按项目实施过程，工程项目管理包括以下工作：

①工程项目目标设计、项目定义及可行性研究。

②工程项目系统分析，包括外部系统（环境）调查分析及内部系统（项目结构）分析等。

③工程项目计划管理，包括实施方案及总体计划、工期计划、成本（投资）计划、资源计划以及它们的优化。

④工程项目的组织管理，包括组织机构设置、人员组成、各方面工作与职责的分配、项目管理规程制定。

⑤工程项目的合同管理，包括招标、投标管理，合同实施控制，合同变更管理，索赔管理。

⑥工程项目的信息管理，包括信息系统的建立、文档管理等。

⑦工程项目的实施控制，包括进度控制、成本（投资）控制、质量控制、风险控制、变更管理。

⑧工程项目后工作，包括项目验收、移交、运行准备、项目后评估、对项目进行总结、研究目标实现的程度、存在的问题等。

按照项目管理工作的任务，工程项目管理又可以分为：

①成本管理。具体包括工程估价，即工程的估算、概算、预算；成本（投资）计划；支付计划；成本（投资）控制，如审查监督成本支出、成本核算、成本跟踪和诊断；工程款结算和审核等管理活动。

②工期管理。这方面工作是在工程量计算、实施方案选择、施工准备等工作基础上进行的，包括工期计划、资源供应计划和控制、进度控制等管理活动。

③工程管理。包括质量控制、现场管理、安全管理等。

④组织和信息管理。组织管理包括建立项目组织机构和安排人事，选择项目管理班子；制定项目管理工作流程，落实各方面责权利关系，制定项目管理工作规则；领导项目工作，处理内部与外部关系，沟通、协调各方关系，解决争执等。

信息管理包括确定组织成员（部门）之间的信息流，确定信息的形式、内容、传递方式、时间和存档，进行信息处理过程的控制，与外界交流信息等。

⑤合同管理。包括合同策划、招标准备工作、起草招标文件、合同审查和分析、建立合

同保证体系等；合同实施控制；合同变更管理；索赔管理等。

通常项目管理组织都是按这些管理工作的任务设置职能机构的。另外，由于工程项目的特殊性，风险是各级、各职能人员都要考虑到的问题。因此，项目管理必然涉及风险管理，它包括风险识别、风险计划和控制等。

1.2 工程项目的程序和生命周期

1.2.1 工程项目建设程序

建设程序是指建设项目从设想、选择、评估、决策、设计、施工到竣工验收、投入生产的整个建设过程中，各项工作都必须遵循的先后次序法则。这个法则是人们在认识客观规律的基础上制定出来的，也是建设项目科学决策和顺利进行的重要保证。按照建设项目产生发展的内在联系和发展过程，建设程序分为若干阶段，这些发展阶段有着严格的先后次序，不能任意颠倒，违反其发展规律。

我国的建设程序分为项目建议书、可行性研究报告、设计工作、建设准备、建设实施、生产准备、竣工验收七个阶段，各阶段之间的关系如图 1－3 所示。

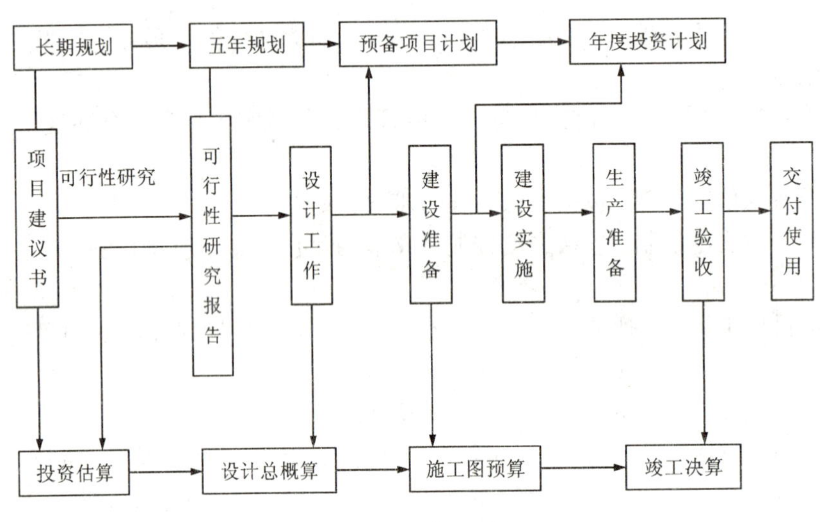

图 1－3 建设程序图

1. 项目建议书阶段

项目建议书是业主单位向国家提出的要求建设某一建设项目的建议文件，是对建设项目的轮廓设想，是从拟建项目的必要性及大方面的可能性方面加以考虑的。项目建议书的主要作用是为了推荐一个拟进行建设的项目的初步说明，并论述它的建设必要性、条件的可行性和获利的可能性，以供建设管理部门选择并确定是否进行下一步的工作。

2. 可行性研究阶段

可行性研究是对建设项目在技术上是否可行和经济上是否合理进行科学分析和论证的一项工作。可行性研究的主要任务是通过多方案的比较，提出评价意见，推荐最佳方案，并为项目决策提供依据。

可行性研究内容包括市场研究、技术研究和经济研究。一般工业项目的可行性研究的内容是：项目提出的背景、必要性、经济意义、工程依据与范围、拟建规模、资源和公用设施情况、建厂条件和厂址方案、环境保护、企业组织定员与培训、项目施工计划与进度要求、投资估算与资金筹措、经济评价、社会效益、综合评价、结论与建议。

可行性研究报告经批准，项目才能正式立项，经批准的可行性研究报告是初步设计的依据，不得随意修改和变更。

3. 设计工作阶段

一般项目都要进行两阶段设计，即初步设计和施工图设计，但技术上比较复杂、基础资料缺乏和不足的项目可采用三阶段设计，即初步设计、技术设计和施工图设计。

初步设计是根据可行性研究报告的要求所做的具体实施方案，目的是为了阐明在指定地点、时间和投资控制数额内拟建项目的技术可能性和经济合理性，并通过对工程项目所做出的基本技术经济规定，编制项目总概算。

技术设计是根据初步设计和更详细的调查资料编制的，是为了进一步解决初步设计中的重大技术问题，如工艺流程、建筑结构、设备选型及数量等，以使建设项目的设计更具体，更完善，技术经济指标更好。

施工图设计是完整地表现建筑物外形、内部空间分割、结构体系、构造状况以及建筑群的组成和周围环境的配合，具体详细的构造尺寸的设计，它还包括各种运输、通信、管道系统、建筑设备的设计。在工艺方面应具体确定各种设备的型号、规格及各非标准设备的制造加工图。

4. 建设准备阶段

项目开工前要切实做好各项准备工作，建设准备阶段的主要工作内容包括：征地、拆迁和场地平整；完成施工用水、电、路等工程；组织设备、材料订货；准备必要的施工图纸；组织施工招投标，择优选择施工单位。

在按规定进行了建设准备，并具备了开工条件后，应由建设单位上报开工报告，经批准后方可开工。

5. 建设实施阶段

建设项目经批准开工建设，项目即进入实施阶段。这是项目决策的实施、建成投产和发挥投资效益的关键环节。项目开工时间，是指建设项目设计文件中规定的任何一项永久性工程第一次破土、正式打桩的时间，建设工期从开工时算起。分期建设的项目则分别按各期工程开工的日期计算。

6. 生产或运营准备阶段

生产或运营准备是施工项目投产前所要进行的一项重要工作，是项目建设程序中的重要环节，是衔接基本建设和生产或运营的桥梁，是建设阶段转入生产或运营的必要条件。建设单位应当根据建设项目或单项工程生产技术的特点，适时组成专门班子或机构，做好各项生产或运营准备工作，如招收和培训人员、生产组织准备、生产技术准备、生产物资准备等。

7. 竣工验收阶段

当建设项目按设计文件的规定内容全部施工完成后，便可组织验收。它是建设全过程的最后一道程序，是投资成果转入生产和使用的标志，是建设单位、设计单位和施工单位向国家汇报建设项目的生产能力或效益、质量、成本、收益等全面情况及交付新增固定资产的过程。竣工验收对促进建设项目及时投产，发挥投资效益以及总结建设经验，都有重要作用。通过竣工验收，可以检查建设项目实际形成生产的能力或效益，建设单位对验收合格的项目可以及时移交固定资产，使其由建设系统转入生产系统或投入使用，凡符合竣工条件而不及时办理竣工验收的，一切费用则不准再由投资中支出。

1.2.2 建设工程项目生命周期

不同类型和规模的工程项目生命期是不一样的，但它们一般都可以分为如下四个阶段，如图 1－4 所示。

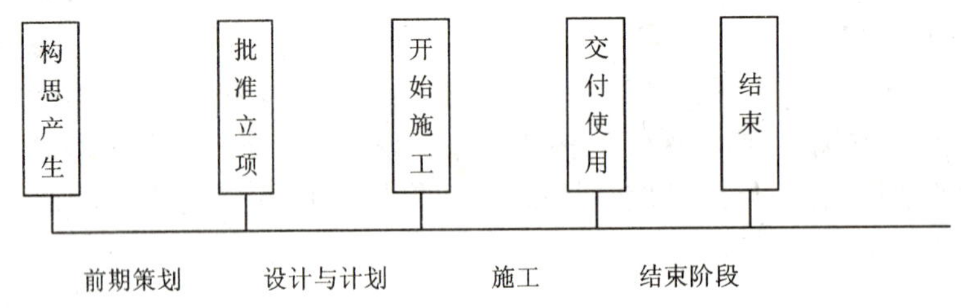

图 1－4 工程项目阶段划分

①项目的前期策划和确立阶段。这个阶段的工作重点是对项目的目标进行研究、论证、决策。其工作内容包括项目的构思、目标设计、可行性研究和批准(立项)。

②项目的设计与计划阶段。这个阶段的工作包括设计、计划、招标、投标和各种施工前的准备工作。

③项目的施工阶段。这个阶段从现场开工直到工程建成交付使用为止。

④项目的使用(运行)阶段。

1.3 工程项目管理的类型

1.3.1 项目相关者的管理内容

在工程项目管理过程中，有许多与项目存在利益关系的人或组织，它们被称为项目相关者，根据项目相关者的不同，工程项目管理的类型可以分为业主（建设单位）进行的项目管理、建设监理单位或咨询公司代业主进行的项目管理、设计单位进行的项目管理、施工单位进行的项目管理和政府的建设管理等。

1. 业主方的项目管理

项目主即项目的投资者或出资者，由业主代表组成项目法人机构，取得项目法人资格。从投资者的利益出发，根据建设意图和建设条件，对项目投资和建设方案做出既要符合自身利益又要适应建设法规和政策规定的决策，并在项目实施过程中履行业主应尽的责任和义务，为项目的实施者创造必要的条件。业主的决策水平、业主的行为规范性等，对于一个项目的建设起着重要的作用。

业主（建设单位）的项目管理主要包括以下内容：

①前期阶段：筹集资金、项目建议书、可行性研究、项目决策、厂址选择、落实外部配套条件。

②设计阶段：设计竞赛或设计招标、资质审查评标定标、设计合同、设计控制、组织设计审查、上报设计文件和概算文件、审查资金筹措计划和用款计划等。

③施工招标阶段：施工和设备招标、资质审查评标定标、签订施工和设备合同、落实开工前的准备工作。

④施工阶段：编制并组织实施各种计划、组织工程实施、建立报告制度定期向主管部门报告建设情况、做好各项运营生产准备、及时验收并提出项目竣工验收申请报告、编制竣工决算报告。

⑤生产运营阶段：组织管理机构、生产运营管理、按时报送生产信息和统计资料、制定债务偿还计划按时偿还、按法人章程分配利润、组织开展后评价、提出项目后评价报告。

⑥业主的项目管理是在投资立场上对工程项目建设的全过程进行的科学、有效和必要的管理，偏重于重大问题的决策。

①~④各阶段，若委托监理，其职责还应包括监理招标、签订合同、合同管理等，同时监理承担的职责应由合同明确。

2. 承包方的项目管理

施工企业的项目管理简称施工项目管理，即施工企业（承包商）站在自身的角度，从其利益出发，按与业主签订工程承包合同界定的工程范围所进行的管理。内容是对施工全过程进行计划、组织、指挥、协调和控制。

施工单位是以承接工程施工为主要经营活动的建筑产品生产者和经营者，在市场经济体制下，施工单位通过工程投标竞争，取得承包合同后，以其技术和管理的综合实力，通过制订最经济合理的施工方案，组织人力、物力和财力进行工程的施工安装作业技术活动，以期在规定的工期内，全面完成质量符合发包方明确标准的施工任务。通过工程移交，取得预期的经济效益，实现其生产经营目标。因此，施工单位是将建设项目的建设意图和目标，转变成具体工程目的物的生产经营者，是一个项目实施过程的主要参与者。

3. 咨询监理方的项目管理

建设监理单位主要是工程建设监理公司，它接受业主委托和授权，根据国家批准的工程项目建设文件，以及有关工程建设的法律法规、技术规范、工程建设监理委托合同和工程建设其他合同对工程项目进行监督管理，即实施业主方的工程项目管理。其内容包括：三大目标控制、合同和管理、信息管理。因此，监理单位的水平和工作质量对项目建设过程的作用和影响是非常重要的。

4. 设计方的项目管理

设计单位是将业主或建设项目法人的意图、政府建设法律法规要求、建设条件作为输入，经过智力的投入进行建设项目技术、经济方案的综合创作，并编制出用以指导建设项目施工安装活动的设计文件。设计联系着项目决策和项目施工两个阶段，设计文件既是项目决策方案的体现，也是项目施工方案的依据。因此，设计过程要确定项目总投资目标和项目质量目标，包括建设规模、使用功能、技术标准、质量规格等。设计先于施工，然而设计单位的工作还要责无旁贷地延伸于施工过程，指导处理施工过程中可能出现的设计变更和技术变更，确认各项施工结果与设计要求的一致性。

5. 供货方的项目管理

生产厂商包括建筑材料、构配件、工程用品和设备的生产厂家和供应商。他们为项目实施提供生产要素，而其交易过程、产品质量、价格、服务体系等，会直接关系到项目的投资、质量和进度目标。通过市场机制配置建设资源，是项目管理按经济规律办事的重要方面。在项目管理目标的制订、物资资源的询价、采购、合约和供应过程中，都必须充分注意到生产厂家与建设项目之间的这种技术、经济上的关联性对项目实施的作用和影响。

6. 政府的项目管理

工程所在地的政府、司法、执法机构，以及为项目提供服务的政府部门、基础设施的供应和服务单位，它们必须对建设项目的决策立项、规划、设计方案进行审批，对项目实施过程的各个环节实行建设程序监督。如对项目做出各种审批（如城市规划审批）、提供服务（如发放项目需要的各种许可）、实施监督和管理（如对招投标过程监督和对工程质量监督）等。

政府注重工程项目的社会效益、环境效益，希望通过工程项目促进地区经济繁荣和社会的可持续发展，解决当地的就业和其他社会问题，增加地方财力，改善地方形象，提升政府政绩。

1.3.2 工程项目阶段性的管理工作

在工程项目生命周期的不同阶段，项目相关者承担的工作是不一样的。

1. 项目投资者

如项目融资单位和BOT项目的投资者，他们必须参与项目全过程的管理，从前期策划直到工程的使用阶段结束，工程报废，或合资合同结束，或者到达BOT合同规定的转让期限。他们的目的不仅是工程建设，更重要的是收回投资和获得预期的投资收益。国外大企业或项目型公司确定的投资责任中心，以及我国实行的建设项目投资业主责任制中的业主就是要进行全过程的项目管理的直接负责者。

2. 工程项目建设的负责人

进行工程项目的建设必须委派专门人员，或专门的组织来负责工程项目建设期的管理，如我国的基建部门、建设单位和通常所说的业主。对于他们，工程项目的生命期是从项目的策划，或可行性研究，或者从最广泛意义上讲，从他们接受项目任务委托到项目建成、试运行后交付使用，完成委托书所规定的任务为止的。

3. 设计单位

在项目被批准后，设计单位进入项目。它的项目任务是，按照项目的设计任务书完成项目的设计工作，提出设计文件，并参与设备选型，在施工过程中提供技术服务。

4. 工程承包商

一般在项目设计完成后，承包商会通过投标取得工程承包资格，按承包合同完成工程施工任务，交付工程，完成工程保修责任。他在项目中的工作范围、责任和持续时间由承包合同确定。

对于参加项目建设的分包商或供应商，其项目生命期一般由他所签订的合同所规定的工期(包括维修期或缺陷责任期)确定。

在现代工程中，业主越来越趋向于将工程项目的全部任务交给一个承包商完成，即采用“设计——施工——供应”的总承包方式。这样的承包商在项目批准立项后，甚至在可行性研究阶段，或项目构思阶段就会介入项目，为业主提供全过程、全方位的服务，甚至包括项目的运行管理，以及参与项目融资。这样的承包商在项目中的持续时间很长，责任范围很大。

5. 咨询或监理公司

咨询和监理公司在不同的项目生命期承担着不同的任务，按咨询或监理合同的规定，一般在可行性研究前，或设计开始前，或工程招标开始前就承担项目任务，直到工程交付使用，咨询或监理合同结束为止。

对上述参加者来说，他们的工作任务都符合“项目”的定义。他们都将自己的工作任务称为“项目”，都要进行项目管理，也都有自己相应的项目管理组织。例如在同一个工程项目中，业主有项目经理、项目经理部；工程承包商也有项目经理和项目经理部；设计单位、供应商甚至分包商都可能有类似的组织。

1.3.3 工程项目阶段性的系统结构

在工程项目管理过程中，一切的管理工作都是为了取得一个成功的项目而进行的。要取得成功的项目，就必须有全面的项目管理。其全面性主要体现在如下几个方面：

①由于项目本身是一个复杂的系统，它由许多子项、分项所构成，因此，全面的项目管理必须包括项目管理对象的全体。

②项目管理工作过程，包括预测、决策、计划、控制、反馈等，因此，全面的项目管理应实现各过程的圆满交接和配合。

③全面的项目管理应包括全部的项目管理工作任务，这些任务包括工期、费用、质量、合同、资源、组织和信息等管理。

在工程项目管理实践中，忽略任何方面都可能导致项目的失败。所以，项目管理系统至少应是三维的结构体系，见图 1 -5。一个完整的项目管理系统必须将项目的各职能工作、各参加单位、各项活动、各个阶段融合成一个完整有序的整体。例如图 1 -5 中的 *C* 点指的就是子项 2 的成本计划工作。

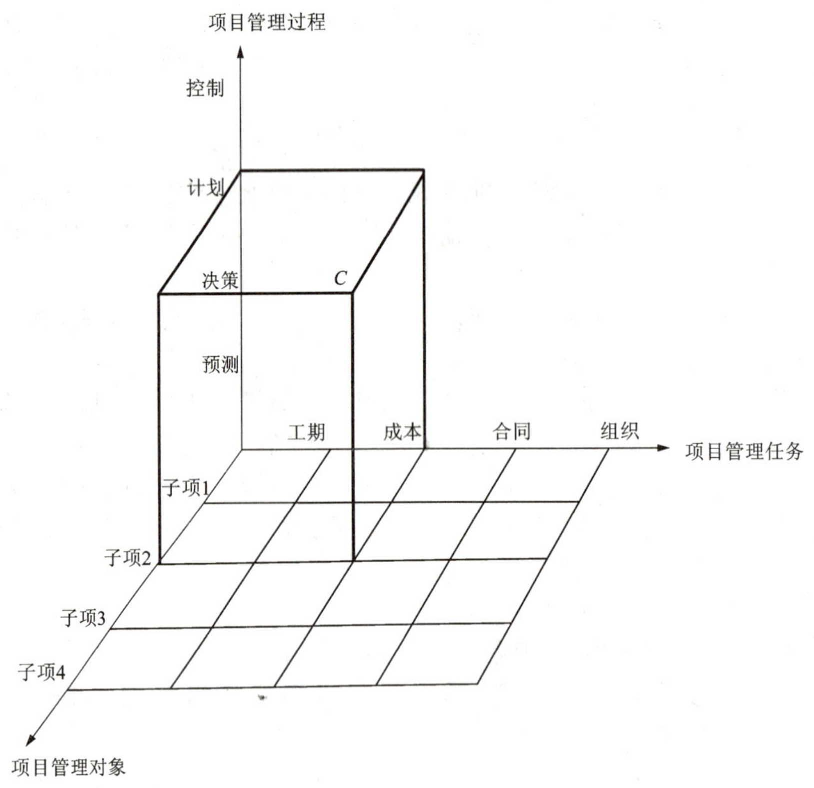

图 1 -5 工程项目管理的系统结构

复习思考题

1. 什么是项目、工程项目？

2. 工程项目具有什么特点？

3. 通过实例说明建设工程项目的组成。

4. 什么是建设工程项目管理？它包含哪些工作？

5. 建设工程项目管理的主要目标有哪三个方面？它们之间有什么关系？

6. 什么是建设程序？分为哪些阶段？

7. 建设工程项目的生命周期分为哪些阶段？

8. 建设工程项目有哪些项目相关者？它们在项目生命周期的不同阶段是如何开展项目管理工作的？

第 2 章　建设安装工程定额

2.1　建设安装工程定额概述

2.1.1　定额的定义

定额是一种规定的额度。

工程建设定额是定额的组成类别之一，是指在社会平均生产条件即正常的施工条件下，采用科学的方法制订的完成一定计量单位的质量合格产品所必须消耗的人工、材料和机械设备台班数量的标准。工程建设定额除了规定要有各种资源和资金的消耗数量标准外，还规定了应完成的生产工作内容、质量标准、生产工艺和方法、安全要求和适用范围等。

在建设安装工程的施工生产过程中，为完成某一工程项目或某项结构构件，必须消耗一定数量的劳动力、材料和机具，而且随着施工对象、施工方式和施工条件的变化，所需要的这些资源消耗量也会产生变化。所谓正常的施工条件就是指生产过程按生产工艺和施工验收规范操作，施工条件完善，施工组织合理，机械设备运转正常，材料储备消耗合理。

资源消耗量数据可以通过历史项目数据资料或实测计算等方法获得，其与劳动生产率、社会生产力水平、技术和管理水平密切相关。对生产要素消耗量数据的长期收集和积累，以及对数据的测定、计算和保存，可以构成消耗量数据库，这就是定额。我国的建设安装工程定额是新中国成立以后逐渐建立和日趋完善的。随着定额理论的发展，定额已经成为实现科学管理的必备条件。在企业管理中，定额是科学管理的基础。

2.1.2　定额的性质

工程定额涉及建设工程建造技术、施工企业的内部管理以及工程造价的确定等诸多方面，其具有以下基本性质。

(1)科学性和权威性

工程定额在借鉴各类工程定额管理理论的基础上，不断吸取现代定额管理先进成果，为正确反映工程造价和所需活劳动与物化劳动的消耗量，以及促进工程质量的不断提高提供了科学依据和手段，所以工程定额是建设工程进入科学管理阶段后的产物。

工程定额在研究市场经济规律的基础上，特别注意市场经济条件下的价值规律、供求规律和时间节约规律以及对产品的客观要求，在运用现代科学技术方法的同时，为建设工程定额的测定和编制提供了科学的理论依据。

因此其科学性包含两重含义。一重含义是指工程建设定额和生产力发展水平相适应，能反映出工程建设中生产消费的客观规律。另一重含义则是指工程建设定额管理在理论、方法和手段上都能适应现代科学技术和信息社会发展的需要，是以现阶段施工劳动生产率为基础，根据广泛搜集的技术测定资料，并在经过科学分析、研究、论证后制定的。

正因为定额的科学性，所以工程建设定额还具有权威性，在一些情况下具有经济法规性质，是具有法令性的标准。

(2)系统性和统一性

工程建设定额是相对独立的系统，是由多种定额结合而成的有机整体，虽然结构复杂，但层次分明，目标明确。

在市场经济条件下，工程定额首先是微观管理和计价的基础手段，其次能通过规定资源消耗量指标、价格参数对工程造价和建设市场的规范起作用。起到了消耗有标准，计价有依据的统一尺度作用。其统一性使得其在建设项目决策、设计和工程招投标等阶段可以进行比较和引导。从影响力和执行范围来看，有全国定额、地区统一定额和行业统一定额等。从定额的制定、颁布和贯彻来看，有统一的程序、统一的原则、统一的要求和统一的用途。

(3)稳定性和时效性

工程建设定额是对一定时期的技术发展和管理水平的反映，因此，任何一种定额的科学权威性和系统统一性都表现为一种相对的稳定性。稳定的时间一般为 5 ~ 10 年。随着劳动生产率的不断提高，定额不可能一成不变地反映已经变化了的价值和消耗量，因此需要重新编制或修订，以使之能与不断发展的生产力相适应，所以工程定额还具有明显的时效性。

2.1.3 定额的作用

定额是社会经济发展到一定历史阶段的产物，工程建设定额在项目建设过程中具有重要的地位，确定和执行先进、合理的定额是技术和经济管理工作的重要环节，其作用主要表现在以下几个方面。

(1)定额是节约劳动力和提高劳动生产效率的工具

由于经济实体受各自的生产条件包括企业的工人素质、技术装备、管理水平、经济实力的影响，其完成某项特定工程所消耗的人力、物力和财力资源存在着差别。定额中人工、材料、施工机械台班的消耗量是在正常施工状态下的社会平均消耗量标准。这个标准有利于鞭策落后，鼓励先进，对社会经济发展具有推动作用。

(2)定额是编制计划的基础

建筑安装工程定额是完成规定计量单位分项工程计价所需的人工、材料、施工机械台班的消耗量标准。按这个标准组织和指导生产施工，可以在更高层次上促使项目投资者合理有效地来编制施工进度计划，分配劳动生产力，安排建设工期等。

(3)定额是编制工程量计算规则和地区单位估价表的依据

定额是具有权威性和法令性的标准，它的使用必须遵循一定的规则，在众多规则中，工程量计算规则是一项很重要的规则。为了适应各地区的经济发展水平，全国各省市在全国统一定额的基础上编制了各地区独立执行的地区单位估价表。这是根据定额编制建筑安装工程费用计价的依据，是“工程量”和“定额价”结合的一种定额。

(4)定额是编制施工图预算、招投标报价以及确定工程造价的依据

定额的制定，其主要目的是为了计价。在我国处于计划经济时代时，施工图预算、招投标标底及投标报价书的编制，以及工程造价的确定，都主要是依据工程所在地的单位估价表和行业定额来制定的。我国现阶段还处于市场经济的初期阶段，市场经济还不发达，许多有利于市场竞争的计价规则还有待于制定、完善和推广。

我国现阶段还把定额计价作为主要计价模式之一。投资者的投资行为是建立在利用定额权衡自身财务状况上的，而建筑企业则是依照定额来做出正确的价格决策并进行投标报价的。国家也提出了“控制量、指导价、竞争费”的改革措施，使价格逐步走向市场化。“工程量清单计价”模式在定额的基础上也被大量运用起来。

(5)定额是编制投资估算指标和进行成本核算的基础

估算指标是一种扩大的单位工程指标或单项工程指标。即用有代表性的单位或单项工程的实际预算结算资料，经过修正、调整，反复综合平衡，以单项工程(装置、车间)或工段(区域、单位工程)为扩大单位，以“量”和“价”相结合的形式，用货币来反映活劳动和物化劳动。对一个拟建工程项目进行可行性研究的经济评价工作，正确地估算总投资是一个重要的关键。建设项目投资估算的一种重要的方法就是利用估算指标来编制建设项目投资额。

成本核算是一个计价、对比、分析、查找原因、制定措施实施的过程。成本核算的一项重要工作就是“计价”，而计价的重要依据之一就是“定额”，所以定额是企业进行成本核算的基础。

(6)定额是完善建设信息系统，总结先进生产方法的手段

定额管理是对大量市场信息的加工和反馈，编制和修订定额就是不断完善市场信息系统的过程。定额的制定过程反映了生产技术和劳动组织的先进合理性。因此，通过对同一产品在同一操作条件下的不同生产方法及时进行分析和总结，就可以不断得到更完整、更优良的生产方法。

2.2 建设安装工程定额的分类

建设安装工程定额是工程建设中各类定额的总称。工程建设产品具有构造复杂、规模宏大、种类繁多、生产周期长等技术经济特点，因而工程建设定额种类多、层次多。为了对建设工程定额有一个全面的了解，可以按照不同的原则和方法对其进行科学的分类。

2.2.1 按照定额反映的生产要素内容分类

工程建设产品的生产必须具备的三要素是劳动者、劳动对象和劳动手段，因此按照定额反映的生产要素内容，可以分为劳动消耗定额、材料消耗定额和机械台班消耗定额。

1. 劳动消耗定额

劳动消耗定额是指在正常施工条件下完成单位合格产品所消耗活劳动(人工)的数量标准，简称劳动定额。从表达形式上可分为时间定额和产量定额两种。

时间定额是在正常的施工条件下，以一定技术等级的工人小组(或个人)完成单位合格产品所必须消耗的工时标准。时间定额便于综合，主要用于计算工期进度等，是主要的表现

形式。

产量定额是在正常的施工条件下，规定某一等级工人(或班组)在单位时间(一个工日)内完成质量合格产品的数量标准，具有形象化特点，便于分配任务。

人工时间定额和产量定额互为倒数关系。

2. 材料消耗定额

材料消耗定额是指在合理和节约使用材料的条件下，完成单位合格产品所消耗材料的数量标准，简称材料定额。材料是工程建设中所使用的原材料、成品、半成品、构配件、燃料及水、电等动力资源的统称。材料消耗定额包括直接用于建筑物上的用量和不可避免的施工损耗量以及场内运输、堆放中的损耗量。材料损耗量由国家有关部门综合取定，同种材料在有不同用途时，损耗量也不相同。

3. 施工机械台班消耗定额

施工机械台班消耗定额是指施工机械在正常的施工条件下，完成单位合格产品所消耗施工机械台班的数量标准，简称机械定额。其主要表现形式是机械时间定额，是企业编制机械需要量计划的依据。也表现为机械产量定额，两者互为倒数关系。

2.2.2 按照定额的编制程序和用途分类

按照编制定额从详细到综合的程序以及用途分类，工程定额可分为施工定额(企业定额)、预算定额、概算定额、概算指标和投资估算指标。

1. 施工定额

施工定额是以工序为研究对象而编制的定额，表示某一施工过程中的人工、材料和机械台班消耗量的数量标准。为了满足组织生产和管理的需要，施工定额的项目划分详细，是工程定额中的基础性定额。

施工定额是企业为加强技术经济管理而在企业内部使用的一种定额，所以也称为企业定额。在计划经济时期，企业定额是国家统一定额与地方定额的补充。在市场经济条件下，则是企业参与市场竞争、自主报价的依据。

施工定额是施工企业生产力水平的体现，也是编制施工组织设计、施工预算、施工作业计划、签发施工任务单等的依据，还是编制预算定额的基础。

2. 预算定额

预算定额是指正常施工条件下生产一个规定计量单位的分项工程或结构构件的人工、材料和机械台班消耗量的数量标准，结合人工、材料、机械台班预算单价，得出各分项工程的预算价格，即定额基本价格。

预算定额属于计价定额，包括数量和价格两部分，一般由政府主管部门编制，是编制施工图预算时用的定额。预算定额是确定工程预算和工程造价的重要基础，也是概算定额的编制基础，且用途广泛，在工程定额中占有重要地位。

3. 概算定额

概算定额是以扩大了的分部分项工程为对象，规定了完成单位扩大分项工程或结构构件所必须消耗的人工、材料和机械台班的数量标准，是在预算定额的基础上综合扩大而成的。每一综合分项概算定额都包含了数项预算定额的内容。

概算定额是扩大初步设计阶段编制设计概算和技术设计阶段编制修正概算的依据。

4. 概算指标

概算指标是比概算定额更加综合与扩大的定额，一般是指以整个建筑物或构筑物为编制对象，以“m^2”“m^3”“座”等为计量单位，并规定了人工、材料和机械台班消耗量的一种标准。

概算指标是设计单位编制初步设计概算、选择设计方案的依据，也是编制年度任务计划、建设计划的参考，还是编制投资估算指标的依据。

5. 投资估算指标

投资估算指标是以独立的单项工程或完整的工程项目为对象，根据已完工程等历史预决算和价格变动等资料编制而成的一种指标，一般可分为单位工程指标、单项工程指标和建设项目综合指标三个层次。投资估算指标是编制项目建议书可行性研究报告和编制设计任务书阶段进行投资估算、计算投资需要量时使用的一种定额。

2.2.3 按照定额的编制单位和适用范围分类

按照编制单位和适用的范围，可以分为全国、不同行业、地区、企业等工程定额形式。

1. 全国统一定额

全国统一定额是在全国范围内执行的定额，是由国家建设行政主管部门综合全国工程建设中技术和施工组织管理的情况编制的。例如工程建设中的设备安装相关定额有：《全国统一安装工程预算定额》(GYD－207—2000)、《全国统一市政工程预算定额》(GYD－309—2001)等。

2. 行业统一定额

行业统一定额一般是在本行业和相同专业性质的范围内使用的专业定额，是由行业建设行政主管部门组织，依据行业标准和规范，考虑到各行业部门专业工程技术的特点以及施工技术装备水平和管理水平来编制、批准、发布的。例如矿井建设工程定额、铁路建设工程定额等。目前我国各行业几乎都有自己的行业定额。

3. 地区定额

地区定额是在主要考虑地区性特点和全国统一定额水平的基础上做适当调整、补充而编制的，包括省、自治区、直辖市定额。例如《湖南省安装工程消耗量定额》《上海人防工程定额》《广东省园林工程综合定额》《吉林省建筑工程预算定额》等。

4. 企业定额

企业定额只在企业内部使用，是指施工企业在考虑本企业具体情况的基础上，参照国家、行业部门或地区定额的水平而编制的，是企业生产技术和组织管理能力的一个标志。企业定额水平一般应高于国家现行定额水平，这样的企业才能满足生产技术发展、企业管理和市场竞争的需求。

2.2.4 按照定额的投资费用性质分类

按照投资的费用性质分类，工程建设定额可以分为建筑工程定额、设备安装工程定额、建筑安装工程费用定额和工器具定额等。

1. 建筑工程定额

建筑工程一般是房屋和构筑物工程，包括土建工程、电气工程、暖通工程等。广义上的建筑工程除了房屋和构筑物外，还包括道路、铁路、桥梁、港口、机场等工程。建筑工程定额是一种非常重要的定额。

2. 设备安装工程定额

设备安装工程是对需要安装的设备进行组装、定位、调试等的工程。工业项目中因为生产设备大多需要安装调试后才能正常运转，民用项目中由于社会生活和城市设施日益现代化，设备安装工程也在不断增加，所以设备安装工程定额也是工程定额的一个重要组成部分。

3. 工具、器具定额

工具和器具是指按照有关规定不符合固定资产标准而起劳动手段作用的工具、器具和生产用家具，如翻砂用模型、工具箱、计量器、容器、仪器等。工器具定额是为新建或扩建项目的投产运转而首次配置的工具和器具数量标准。

4. 建筑安装工程费用定额

建筑工程费用定额一般包括措施费用定额和间接费用定额两种。其中措施费用定额是指预算定额分项内容以外的，为完成工程项目施工而发生的非工程实体的项目费用，且与建筑安装施工生产直接相关的各项费用的数量标准。例如现场安全文明施工措施费用、夜间施工措施费用、二次搬运措施费用等，由于费用发生的特点不同，只能独立于预算定额之外。间接费用定额是指与建筑安装施工生产的个别产品无关，而为施工企业生产全部产品、为维持企业的经营管理活动所必须发生的各项费用的数量标准。

5. 工程建设其他费用定额

工程建设其他费用定额是独立于建筑安装工程费、设备和工器具购置费之外的其他费用的数量标准。工程建设其他费用的发生和整个项目的建设密切相关，一般占项目总投资的10%左右。

2.2.5 按照定额的适用专业分类

按照适用专业的不同，工程建设定额可分为建筑工程定额、按照工程定额、装饰工程定额、市政工程定额、公路工程定额、仿古建筑及园林工程定额和水利工程定额等。

2.3 人工定额

人工定额即前述的劳动消耗定额，人工消耗量标准表明了每个人在生产单位合格产品时必须消耗的劳动时间，或者在一定的劳动时间中所生产的合格产品数量，反映了生产工人在正常施工条件下的劳动效率。

2.3.1 人工定额的编制

编制人工定额主要包括拟定定额时间以及拟定正常的施工条件两项工作。

1. 拟定定额时间

拟定定额时间的前提是对工人工作时间按其消耗性质进行分类研究，工人工作时间的消耗包括准备与结束时间、基本工作时间、辅助工作时间、不可避免的中断时间以及工人必需的休息时间。通过时间测定的方法来做时间研究，能获得相应的时间消耗标准。

2. 拟定正常的施工作业条件

正常的施工作业条件有利于定额的实施，如果不能满足，则生产可能会达不到定额中的人工消耗量标准。因此必须执行定额时应该具备的条件。拟定正常的施工作业条件包括施工作业的内容、施工作业的方法和施工作业人员的组织等。

2.3.2 人工定额的形式

人工定额按表现形式的不同，可分为时间定额和产量定额两种。

1. 时间定额

时间定额是在正常的施工条件下，以一定专业、一定技术等级的工人小组(或个人)在生产的施工作业条件下，完成单位合格产品所必须消耗的工时标准。以“工日”为单位，每一工日按 8 h 计算。时间定额便于综合，主要用于计算工期进度等。

$$\text{单位产品时间定额(工日)} = \frac{1}{\text{每工产量}} \tag{2-1}$$

或者

$$\text{单位产品时间定额(工日)} = \frac{\text{小组成员工日数总和}}{\text{小组班产量}} \tag{2-2}$$

例如焊接安装一个 DN50 的不锈钢法兰阀门需要 0.44 工日，焊接安装一个 DN200 的不锈钢法兰阀门则需要 2.21 工日。

2. 产量定额

产量定额是在正常的施工作业条件下，规定某一专业、等级工人(或班组)在单位时间(一个工日)内完成质量合格产品的数量标准。产量定额主要以产品为计量单位，如 m、m^2、m^3、t、个、台、件等。产量定额便于分配任务。

$$每工产量定额 = \frac{1}{单位产品时间定额(工日)} \quad (2-3)$$

或者

$$每班产量定额 = \frac{小组成员工日数总和}{单位产品时间定额(工日)} \quad (2-4)$$

例如每工日可以焊接安装 DN50 的不锈钢法兰阀门 2.27 个，或者焊接安装 DN200 的不锈钢法兰阀门 0.45 个。

时间定额和产量定额互为倒数关系：

$$时间定额 \times 产量定额 = 1 \quad (2-5)$$

2.4 材料消耗定额

材料消耗定额是在合理和节约使用材料的条件下，生产单位质量合格产品所必须消耗的一定规格的原材料、成品、半成品和水、电等资源的数量标准。材料消耗定额指标，按其使用性质、用量大小和用途可分为主要材料、辅助材料和零星材料、周转性材料四类。主要材料是指直接构成工程实体的材料。辅助材料也直接构成工程实体，但用量比较少。零星材料是用量少、价值不大、不便计算的次要材料。周转性材料是施工中多次使用但不构成工程实体的材料，如模板、脚手架等，也称为工具性材料。

2.4.1 材料消耗定额的编制

编制材料消耗定额的内容主要包括确定直接使用在工程上的材料净用量，以及在施工现场内运输和操作过程中不可避免的废料和损耗。

1. 材料净用量的确定

材料净用量的确定一般有四种方法：根据设计、施工验收规范和材料规格等进行的理论计算法、根据试验情况和现场测定的资料数据确定的测定法、根据选定图纸的图纸进行计算法、根据历史上同类材料的经验值进行估算的经验法。

2. 材料损耗量的确定

材料的损耗量一般用损耗率来表示。材料损耗率也可以通过观察法或统计法来计算确定。

$$损耗量 = 净用量 \times 损耗率 \quad (2-6)$$

$$总消耗量 = 净用量 + 损耗量 = 净用量 \times (1 + 损耗率) \quad (2-7)$$

2.4.2 周转性材料消耗定额的编制

周转性材料是施工过程中多次使用以进行周转的工具性材料，其消耗一般与以下几个因素相关：第一次制造时的材料消耗量、每周转使用一次的材料损耗、周转使用的次数、周转性材料的最终回收机器回收折价等。

2.5 施工机械台班使用定额

施工机械台班使用定额也称机械台班消耗定额或机械定额，其反映的是合理、均衡地组织劳动和使用机械时该机械在单位时间内的生产效率。

2.5.1 施工机械台班使用定额的形式

1. 施工机械时间定额

施工机械时间定额是指在合理劳动组织和合理使用机械的条件下，完成单位合格产品的工作时间，它包括正常负荷下和降低负荷下的有效工作时间、不可避免的中断时间以及不可避免的无负荷工作时间。施工机械时间定额主要用台班来表示，即一台机械工作一个工作班(8 h)为一个台班。

$$\text{单位合格产品施工机械时间定额(台班)} = \frac{1}{\text{台班产量}} \tag{2-8}$$

施工机械必须由工人小组配合工作，完成单位合格产品的时间定额也必须同时列出人工时间定额。

$$\text{单位合格产品人工时间定额(工日)} = \frac{\text{小组成员总数}}{\text{台班产量}} \tag{2-9}$$

2. 施工机械产量定额

施工机械产量定额是指在合理劳动组织和合理使用机械的条件下，施工机械在每个台班时间内完成合格产品的数量。

$$\text{施工机械台班产量定额} = \frac{1}{\text{机械时间定额(台班)}} \tag{2-10}$$

施工机械产量定额和时间定额互为倒数关系。

2.5.2 施工机械台班使用定额的编制内容

编制的具体内容有：

①拟订施工机械工作的正常施工条件，包括合理组织工作地点、施工机械的作业方法、配合机械作业的施工班组、机械工作班制度等。

②确定施工机械净工作生产率，即确定机械工作 1 h 的正常生产率。

③确定施工机械的利用系数。施工机械的利用系数是指机械在施工作业班内对作业时间的利用率。

④计算施工机械台班定额。

$$施工机械台班产量定额 = 机械生产率 \times 工作班延续时间 \times 机械利用系数 \quad (2-11)$$

$$施工机械时间定额 = \frac{1}{施工机械台班产量定额} \quad (2-12)$$

⑤拟订工人小组的定额时间。工人小组的定额时间是指配合施工机械作业的工人小组的工作时间总和。

$$工人小组定额时间 = 施工机械时间定额 \times 工人小组的人数 \quad (2-13)$$

2.6 建设工程定额的制定方法

建设工程定额，是工程建设过程中生产要素的消耗量标准，属于实物定额，它是建设工程造价计算必需的最重要、最基本的依据之一，是根据国家的经济政策、劳动制度和有关技术文件及资料等制定的。制定定额的方法主要有以下五种，其各有优缺点，在实际工作过程中也可以结合起来使用。

1. 技术测定法

技术测定法是根据先进合理的施工生产技术、操作方法以及合理的劳动组织和正常的施工条件，对施工过程中的具体活动进行现场实地观察，详细地记录施工过程中的人工、材料、机械消耗量，完成单位产品的数量，影响实物消耗量和完成单位产品的数量的相关因素，并将记录的结果加以整理和客观的分析，从而制定出实物定额的方法。它具有较高的准确性和科学性，具体有测时法、写实记录法、工作抽查法等。

2. 统计分析法

统计分析法是通过对施工现场各种实物实际消耗的统计资料进行分析计算，从而获得各种相关的实物消耗数据的方法。

3. 比较类推法

比较类推法也叫典型定额法，是以相同或相似类型产品的典型定额项目的定额水平为标准，经分析比较类推出同一组定额各相邻项目定额数据的方法。具体有比例类推法、坐标图示法等。

4. 经验估计法

经验估计法是指企业根据在建和完工项目的资料数据，运用抽样统计的方法，对有关项目的消耗进行估计测算，并最终形成自己的定额消耗数据的方法。该方法充分利用了企业的实际经验数据，对于常见的项目有较高的准确性。

5. 理论计算法

理论计算法是根据施工图纸、施工规范和材料规格，用理论计算方法求出定额中的理论消耗量，再将理论消耗量加上合理的损耗从而得出定额的实际消耗水平的方法。实际的消耗量需要现场实际统计测算才能得出，所以该方法不能独立使用，具有一定的局限性。

复习思考题

1. 简述工程建设定额的概念和作用。
2. 简述工程建设定额的分类。
3. 简述人工定额的编制方法和表现形式。
4. 简述材料消耗定额的编制和确定方法。
5. 简述施工机械台班使用定额的编制方法和表现形式。
6. 简述工程建设定额的常用制定方法。
7. 简述施工定额和预算定额的区别和联系。
8. 简述概算定额和概算指标的区别和联系。

第3章　建设安装工程造价管理

3.1　建设安装工程费用的组成

中国建设工程造价管理协会对“建设工程造价”的定义是：完成一项建设工程所需花费的费用总和。“费用总和”是对投资方、业主、项目法人而言的，也称为建设成本或工程投资。一般包括建设安装工程费用、设备及工器具购置费用、工程建设其他费用、预备费等。其中“建设安装工程费”即建设、安装单位工程的造价，是建设、安装单位工程价值的货币表现，其是对发包方、承包方双方而言的，也称为承包价格或工程价格，是建设项目投资的重要组成部分。

根据2013年7月1日开始施行的44号文件——住房城乡建设部、财政部关于印发《建设安装工程费用项目组成》的通知规定：建设安装工程费用由人工费、材料费、施工机具使用费、企业管理费、利润、规费、税金七项内容组成。建设安装工程费用的构成可按工程造价费用要素和工程造价形成顺序这两种划分方法来进行分析。

3.1.1　按费用构成要素划分的建设安装工程费用项目组成及计价

1. 人工费

人工费是指按工资总额构成的规定，支付给从事建设安装工程施工生产工人和附属生产单位工人的各项费用。人工费的内容主要包括以下5项，但不包括项目施工管理人员、材料采购保管人员和机械操作人员的工资费用。

(1)计时工资或计件工资

计时工资或计件工资是指按计时工资标准和工作时间或对已做工作按计件单价支付给个人的劳动报酬。包含岗位工资、技能工资等内容。

(2)奖金

奖金是指对超额劳动和增收节支支付给个人的劳动报酬，如节约奖、劳动竞赛奖等。

(3)津贴、补贴

津贴、补贴是指为了补偿职工特殊、额外的劳动消耗或因其他特殊原因而支付给个人的津贴，以及为了保证职工工资水平不受物价影响而支付给个人的物价补贴，如流动施工津贴、特殊地区施工津贴、高温(寒)作业临时津贴、高空津贴、交通补贴、住房补贴、物价补贴等。

(4)加班加点工资

加班加点工资是指按规定支付的在法定节假日工作的加班工资和在法定工作日工作时间

外延时工作的加点工资。

(5)特殊情况下支付的工资

特殊情况下支付的工资是指根据国家法律、法规和政策的规定，因病、工伤、产假、计划生育假、婚丧假、事假、探亲假、定期休假、停工学习、执行国家或社会义务等原因，按计时工资标准或计件工资标准的一定比例支付的工资。

人工费的计算公式为：

$$人工费=\sum(工日消耗量\times日工资单价) \tag{3-1}$$

日工资单价是指施工企业平均技术熟练程度的生产工人在每工作日(国家法定工作时间内)按规定从事施工作业时应得的日工资总额。工程造价管理机构确定日工资单价时不仅要根据工程项目的技术要求参考实物工程量的人工单价，还要通过市场调查综合分析确定。最低日工资单价不得低于工程所在地人力资源和社会保障部所发布的最低工资标准的1.3倍(普工)、2倍(一般技工)、3倍(高级技工)。

$$日工资单价=\frac{生产工人月平均工资(计时、计件)+月平均奖金+月平均津贴、补贴+月平均特殊情况下支付的工资}{年平均法定工作日} \tag{3-2}$$

工程计价定额应根据工程项目的技术要求和工种差别适当划分为多种日工资单价，不可只列一个综合日工资单价，以确保各分部工程人工费的合理构成。

2. 材料费

材料费是指施工过程中耗费的原材料、辅助材料、构配件、零件、半成品或成品、工程设备的费用。工程设备是指构成或计划构成永久工程一部分的机电设备、金属结构设备、仪器装置及其他类似的设备和装置。

(1)材料原价

材料原价指材料、工程设备的出厂价格或商家供应价格。即购买材料、工程设备所支付的货价。

工程设备原价中的国产非标准设备原价应包括制造的材料费、辅助材料费、加工费、专用工具费、废品损失费、外购配套件费、包装费、利润、税金、非标准设备设计费等。进口设备原价则应包括货价、国外运费、国外运输保险费、外贸手续费、进口关税、海关监管手续费等。

(2)运杂费

运杂费指材料、工程设备自来源地运至工地仓库或指定堆放地点所发生的全部运输过程中所需的各项费用。一般包括装卸费、车船运费等。

(3)运输损耗费

运输损耗费指材料在运输、装卸过程中不可避免的合理损耗所需的费用。

(4)采购及保管费

采购及保管费指为组织采购、供应和保管材料、工程设备过程中所需要的各项费用，一般包括采购费、仓储费、仓储损耗费、工地保管费等。

材料费和工程设备费的计算公式为：

$$材料费=\sum(材料消耗量\times材料单价) \tag{3-3}$$

$$材料单价=\{(材料原价+运杂费)\times[1+运输损耗率(\%)]\}\times[1+采购保管费率(\%)] \tag{3-4}$$

$$工程设备费 = \sum(工程设备量 \times 工程设备单价) \tag{3-5}$$

$$工程设备单价 = (设备原价 + 运杂费) \times [1 + 采购保管费率(\%)] \tag{3-6}$$

3. 施工机具使用费

施工机具使用费是指在施工作业中所发生的施工机械、仪器仪表的使用或租赁费用。

(1)施工机械使用费

施工机械使用费指一个台班中使用施工机械所需的开支和分摊的费用，用施工机械台班耗用量和施工机械台班单价相乘来计算。施工机械台班单价主要由以下七项费用组成。

①折旧费：指施工机械在规定的使用年限内，陆续收回其原值的费用。

②大修理费：指施工机械按规定的大修理间隔台班进行必要的大修理，以恢复其正常功能所需的费用。

③经常修理费：指施工机械除大修理以外的各级保养和临时骨折排除所需的费用，包括为保障机械正常运转所需的替换设备与随机配备工具附具的摊销和维护费用，机械运转中日常保养所需的润滑与擦拭的材料费用，以及机械停滞期间的维护和保养费用等。

④安拆费及场外运费：安拆费指施工机械（大型机械除外）在现场进行安装与拆卸所需的人工、材料、机械和试运转费用，以及机械辅助设施的折旧、搭设、拆除等费用；场外运费则指施工机械整体或分体自停放地点运至施工现场或由一施工地点运至另一施工地点的运输、装卸、辅助材料及架线等所需的费用。

⑤人工费：指机上司机（司炉）和其他操作人员的人工费。

⑥燃料动力费：指施工机械在运转作业中所消耗的各种燃料及水、电等费用。

⑦税费：指施工机械按照国家规定应缴纳的车船使用税、保险费及年检费等。

施工机械使用费的计算公式为：

$$施工机械使用费 = \sum(施工机械台班消耗量 \times 机械台班单价) \tag{3-7}$$

$$\begin{aligned}机械台班单价 = {} & 台班折旧费 + 台班大修费 + 台班经常修理费 + 台班安拆费及场外运费 \\ & + 台班人工费 + 台班燃料动力费 + 台班养路费及车船使用费\end{aligned} \tag{3-8}$$

如果施工机械为租赁使用，则计算公式为：

$$施工机械使用费 = \sum(施工机械台班消耗量 \times 机械台班租赁单价) \tag{3-9}$$

(2)仪器仪表使用费

仪器仪表使用费指工程施工时所需使用的仪器仪表的摊销及维修费用。

仪器仪表使用费的计算公式为：

$$仪器仪表使用费 = 工程使用的仪器仪表摊销费 + 维修费 \tag{3-10}$$

工程造价管理机构在确定计价定额中的施工机械使用费时，应根据建设施工机械台班费用的计算规则，并结合市场调查来编制施工机械台班单价。施工企业应参考工程造价管理机构发布的台班单价自主确定施工机械使用费的报价。

4. 企业管理费

企业管理费是指建筑安装企业在组织施工生产和经营管理时所需的费用。其包括的内容很全面，具体如下：

①管理人员工资：指按规定支付给管理人员的计时工资、奖金、津贴、加班加点工资以

及特殊情况下支付的工资等。

②办公费：指企业管理办公用的文具、纸张、账表、印刷、邮电、书报、办公软件、现场监控、会议、水电、烧水和集体取暖降温(包括现场临时宿舍的取暖降温)等费用。

③差旅交通费：指职工因公出差、调动工作等发生的差旅费，住勤补助费，市内交通费和误餐补助费，职工探亲路费，劳动力招募费，职工退休、退职一次性路费，工伤人员就医路费，工地转移费以及管理部门使用的交通工具的油料、燃料费等费用。

④固定资产使用费：指管理和试验部门及其附属生产单位使用的属于固定资产的房屋、设备、仪器等的折旧、大修、维修或租赁费。

⑤工具用具使用费：指企业施工生产和管理使用的不属于固定资产的工器具、家具、交通工具和检验、试验、测绘、消防用具等的购置、维修和摊销费。

⑥劳动保险和职工福利费：指由企业支付的职工退职金即按规定支付给离休干部的经费、集体福利费、夏季防暑降温、冬季取暖补贴、上下班交通补贴等费用。

⑦劳动保护费：指企业按规定发放的劳动保护用品的支出，如工作服、手套、防暑降温饮料以及在有碍身体健康的环境中施工的保健等费用。

⑧检验试验费：指施工企业按照有关标准规定，对建筑及材料、构件和建筑安装物进行一般鉴定、检查所发生的费用，包括自设试验室进行试验所耗用的材料等费用。不包括新结构、新材料的试验费，对构件做破坏性试验及其他特殊要求检验试验的费用，以及建设单位委托检测机构进行检测的费用，而关于此类检测所发生的费用，应由建设单位在工程建设的其他费用中列支。但对施工企业提供的具有合格证明的材料进行检测而测出不合格的，则该检测费用应由施工企业支付。

⑨工会经费：指企业按《工会法》规定的全部职工工资总额比例计取的工会经费。

⑩职工教育经费：指企业按职工工资总额的规定比例计取的，企业为职工进行专业技术和职业技能培训，专业技术人员继续教育、职工职业技能鉴定、职业资格认定及根据需要对职工进行各类文化教育所发生的费用。

⑪财产保险费：指施工管理用财产、车辆等的保险费用。

⑫财务费：指企业为施工生产筹集资金或提供预付款担保、履约担保、职工工资支付担保等所发生的各种费用。

⑬税金：指企业按规定缴纳的房产税、车船使用税、土地使用税、印花税等。

⑭其他：包括技术转让费、技术开发费、投标费、业务招待费、绿化费、广告费、公证费、法律顾问费、审计费、咨询费、保险费等。

企业管理费的计算为以定额人工费、或者定额人工费＋定额机械费、或者分部分项工程费等作为计算基数再乘以企业管理费费率。

以人工费为计算基础的管理费费率计算公式为：

$$\text{企业管理费费率}=\frac{\text{生产工人年平均管理费}}{\text{年有效施工天数}\times\text{人工单价}}\times 100\% \qquad (3-11)$$

以人工费和施工机具使用费的合计为计算基础的管理费费率计算公式为：

$$\text{企业管理费费率}=\frac{\text{生产工人年平均管理费}}{\text{年有效施工天数}\times(\text{人工单价}+\text{每工日施工机具使用费})}\times 100\% \qquad (3-12)$$

以分部分项工程费为计算基础的管理费费率计算公式为：

$$企业管理费费率 = \frac{生产工人年平均管理费}{年有效施工天数 \times 人工单价} \times 人工费占分部分项工程费的比例(\%) \tag{3-13}$$

这些公式适用于施工企业投标报价时自主确定管理费的情况，是工程造价管理机构编制计价定额时确定企业管理费的参考依据之一，此外应以定额人工费（或定额人工费＋定额机械费）作为计算基数，费率则应根据历年工程造价积累的资料，并辅以调查数据来确定，管理费应列入分部分项工程和措施项目中。

5. 利润

利润是指施工企业完成所承包的工程获得的盈利，是施工企业在完成承包工程的施工过程中，为社会新创造价值中的一部分在建筑安装工程造价中的货币表现。

施工企业根据企业自身的需求并结合建筑市场的实际情况自主确定将什么列入报价中，其计算公式为：

$$利润 = 人工费 \times 利润率 \tag{3-14}$$

工程造价管理机构在确定计价定额中的利润时，应以定额人工费（或定额人工费＋定额机械费）作为计算基数，利润率则应根据历年工程造价积累的资料，并结合建筑市场的实际情况来确定，为单位（单项）工程测算。在税前建筑安装工程费中的比例，利润可按5%～7%计算，利润应列入分部分项工程和措施项目中。

6. 规费

规费是按国家法律、法规的规定，由省级政府和省级有关权力部门规定必须缴纳或计取的费用。包括社会保险费、住房公积金、工程排污费和其他应列而未列入的规费等费用。

①社会保险费：是指企业按照规定标准为职工缴纳的各项保险费用，主要包括基本养老保险费、失业保险费、医疗保险费、生育保险费、工伤保险费等。

社会保险费应以定额人工费为计算基数，并根据工程所在地（省、自治区、直辖市）或行业建设主管部门规定的费率计算。计算公式为：

$$社会保险费 = \sum(工程定额人工费 \times 社会保险费费率) \tag{3-15}$$

②住房公积金：是指企业按照规定标准为职工缴纳的住房公积金。

住房公积金也应以定额人工费为计算基数，并根据工程所在地（省、自治区、直辖市）或行业建设主管部门规定的费率计算。计算公式为：

$$住房公积金 = \sum(工程定额人工费 \times 住房公积金费率) \tag{3-16}$$

③工程排污费：是指按规定缴纳的施工现场工程排污费。

④其他应列而未列入的规费则按照实际发生计取。

7. 税金

税金是指按照国家税法规定的应计入建筑安装工程造价内的营业税、城市维护建设税、教育费附加以及地方教育费附加等。

①营业税：是指对国内从事交通运输业、建筑业、金融保险业、邮电通信业、文化体育

业、娱乐业、服务业或有偿转让无形资产、销售不动产行为的单位和个人的营业额征税。

②城市维护建设税：是我国为了加强城市的维护建设、扩大和稳定城市维护建设资金的来源，而对有经营收入的单位和个人征收的一个税种。其是以纳税人实际缴纳的增值税和营业税税额为计税依据的。

③教育费附加：是为加快教育事业发展，扩大教育经费自己来源而征收的附加费。

④地方教育费附加：是为加快地方教育事业发展，扩大其经费自己的来源而征收的附加费。

税金的计算公式为：

$$\text{税金} = \text{税前造价} \times \text{综合税率}(\%) \tag{3-17}$$

对于在市区、县城等不同纳税地点的企业，因城市维护建设税税率不同，综合税率也会稍有区别。

实行营业税改增值税的，综合税率按纳税地点的现行税率计算，计价模式也按当地的要求来，例如上海地区就将城市维护建设税、教育费附加、地方教育费附加、河道管理费等附加税费计入了企业管理费中。

2016 年 2 月 22 日，住房和城乡建设部发布《关于做好建筑业营改增建设工程计价依据调整准备工作的通知》，规定自 2016 年 5 月 1 日起，金融业、建筑业、不动产业和生活服务业全面实施营改增试点，并明确建筑业的增值税税率拟为 11%。

按照前期研究和测试的成果，工程造价可按以下公式计算：

$$\text{工程造价} = \text{税前工程造价} \times (1 + 11\%) \tag{3-18}$$

其中，11% 为建筑业拟征增值税税率，税前工程造价则为人工费、材料费、施工机具使用费、企业管理费、利润和规费之和，各费用项目均要以不包含增值税可抵扣进项税额的价格计算。

全面推开营改增试点，需要缴纳建筑业增值税的建筑服务，是指各类建筑物、构筑物及其附属设施的建造、修缮、装饰，线路、管道、设备、设施等的安装以及其他工程作业的业务活动。包括工程服务、安装服务、修缮服务、装饰服务和其他建筑服务。

纳税人分为一般纳税人和小规模纳税人。

纳税人提供建筑服务的年应征增值税销售额超过 500 万元(含本数)的为一般纳税人，未超过规定标准的纳税人则为小规模纳税人。

一般纳税人适用的税率为 11%；小规模纳税人提供建筑服务，以及一般纳税人提供的可选择简易计税方法的部分建筑服务，征收率为 3%。

全面推开营改增试点后，建筑业计税的方法如下：

(1)一般计税方法的应纳税额

应纳税额按以下公式计算：

$$\text{应纳增值税税额} = \text{当期销项税额} - \text{当期进项税额} \tag{3-19}$$

(2)简易计税方法的应纳税额

①简易计税方法的应纳税额，是指按照销售额和增值税征收率计算的增值税额，不得抵扣进项税额。

应纳税额的计算公式为：

$$\text{应纳税额} = \text{销售额} \times \text{征收率} \tag{3-20}$$

②简易计税方法的销售额不包括其应纳税额。而纳税人选择采用销售额和应纳税额合并

的定价方法的，应按照下列公式计算销售额：

$$销售额 = 含税销售额 \div (1 + 征收率) \tag{3-21}$$

营改增的目的是优化税制结构，减轻企业税负，避免重复征税。从长远看，营改增将推动建筑业生产方式的转变，促进建筑企业进一步加强内部管理和控制，加快转型升级。而且作为基础行业的建筑业实施营改增也有利于降低整个社会的税赋水平。营业税将退出历史舞台，增值税制度则将更加规范。这是自 1994 年分税制改革以来，财税体制的又一次深刻变革。

我国现行的建设安装工程费用按照费用构成要素划分的划分图为 3 - 1。

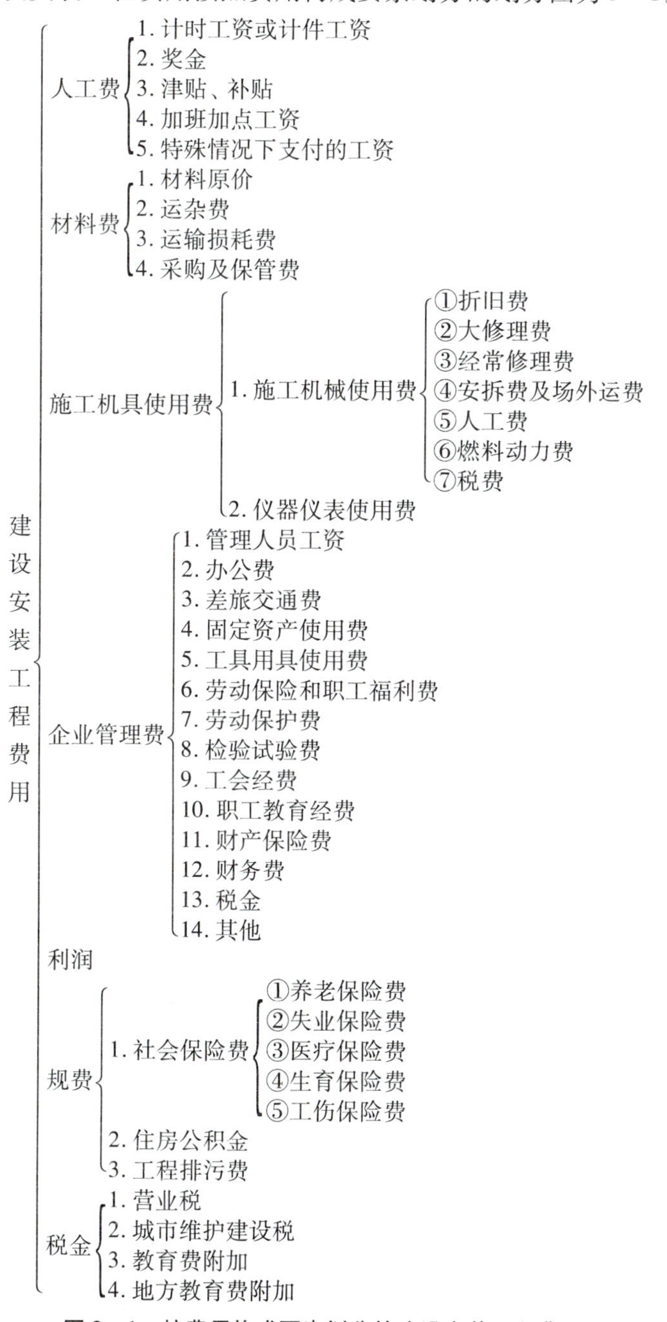

图 3 - 1 按费用构成要素划分的建设安装工程费用

3.1.2 按造价形式划分的建设安装工程费用项目组成及计价

根据住房和城乡建设部、财政部印发的《建设安装工程费用项目组成》建标〔2013〕44 号的通知规定，建设安装工程费按照工程造价划分的形式分为：分部分项工程费、措施项目费、其他项目费以及规费和税金。

五类费用的具体构成如图 3－2 所示。

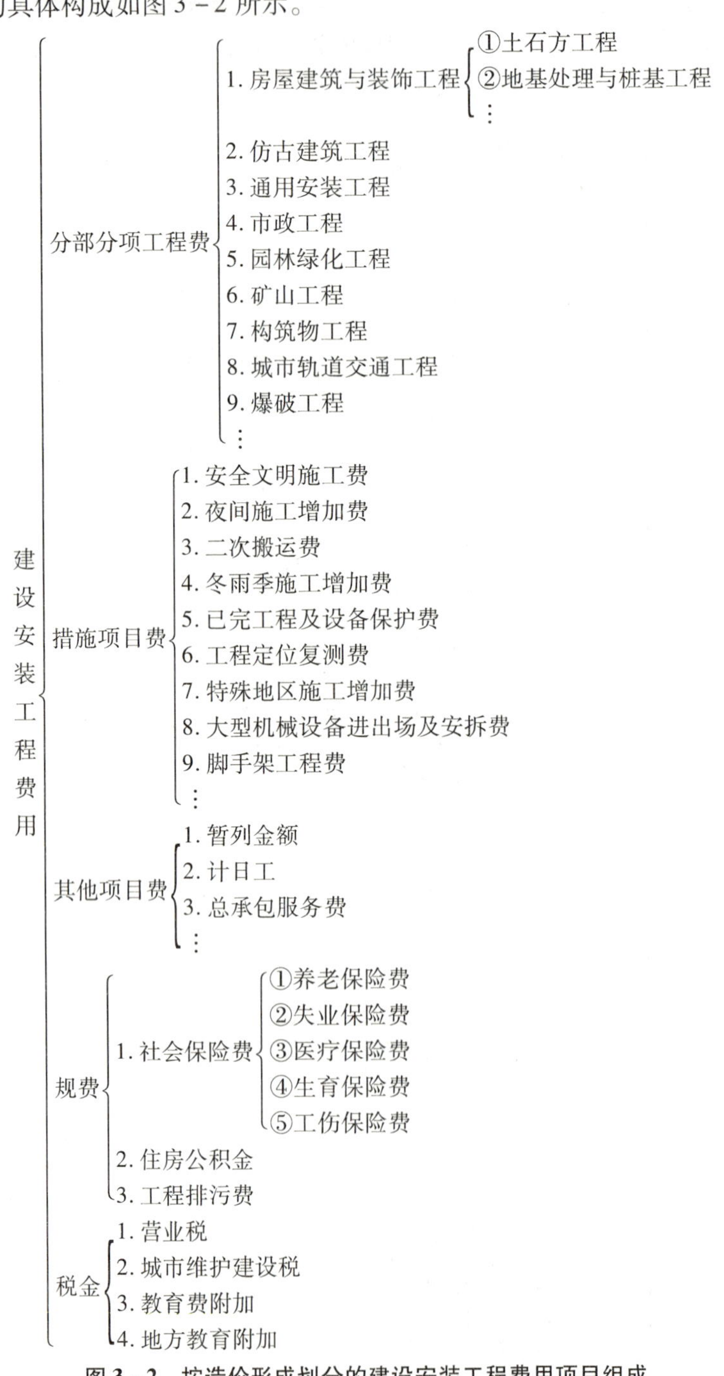

图 3－2 按造价形成划分的建设安装工程费用项目组成

1. 分部分项工程费

分部分项工程费是指各专业工程的分部分项工程应予以列支的各项费用。

(1)专业工程

根据现行的国家计量规范划分的专业工程有:房屋建筑与装饰工程、仿古建筑工程、通用安装工程、市政工程、园林绿化工程、矿山工程、构筑物工程、城市轨道交通工程、爆破工程等各类工程。

(2)分部分项工程

各类专业工程的分部分项工程划分见现行的国家或行业计量规范。例如对房屋建筑与装饰工程(GB 50854—2013)的划分有:土石方工程,地基处理与桩基工程,砌筑工程,钢筋及钢筋混凝土工程,金属结构工程,木结构工程等;对通用安装工程(GB 50856—2013)的划分有:工业、民用设备,电气、智能化控制设备,自动化控制仪表,通风空调,工业、消防、给排水、采暖燃气管道以及通信设备安装等。

$$\text{分部分项工程费} = \sum(\text{分部分项工程量} \times \text{综合单价}) \tag{3-22}$$

公式(3-22)中的综合单价包括人工费、材料费、施工机具使用费、企业管理费和利润以及一定范围内的风险费用。

2. 措施项目费

措施项目费是指为完成建设工程施工,而发生于该工程施工前和施工过程中的技术、生活、安全、环境保护等方面的费用。一般包括以下几个方面。

(1)安全文明施工费

安全文明施工费一般包括安全施工费、文明施工费、环境保护费、临时设施费等。

①安全施工费指施工现场安全施工所需要的各项费用。

②文明施工费指施工现场文明施工所需要的各项费用。

③环境保护费指施工现场为达到环保部门的要求所需要的各项费用。

④临时设施费指施工企业为进行建设工程施工所必须搭设的生活和生产用的临时建筑物、构筑物和其他临时设施等所发生的各项费用。包括临时设施的搭设、维修、拆除、清理和摊销等费用。

$$\text{安全文明施工费} = \text{计算基数} \times \text{安全文明施工费费率}(\%) \tag{3-23}$$

公式(3-23)中的计算基数为定额基价(定额分部分项工程费+定额中计量的措施项目费)、或定额人工费(定额人工费+定额机械费),费率则由工程造价管理机构根据各专业工程的特点综合确定。

$$\text{安全文明施工费费率} = \frac{\text{本项费用年度平均支出}}{\text{全年建安产值} \times \text{直接工程费占总造价比例}(\%)} \tag{3-24}$$

(2)夜间施工增加费

夜间施工增加费指因夜间施工所发生的夜班补助费、夜间施工降效、夜间施工照明设备摊销以及照明用电等费用。

$$\text{夜间施工增加费} = \text{计算基数} \times \text{夜间施工增加费费率}(\%) \tag{3-25}$$

公式(3-25)中的计算基数为定额人工费(定额人工费+定额机械费),费率则由工程造价管理机构根据各专业工程的特点综合确定，而国内各地区都有自己的取费标准，不能随便调整。

(3)二次搬运费

二次搬运费指因施工场地条件限制而发生的材料、构配件、半成品等一次运输不能到达堆放地点，必须进行二次或多次搬运所发生的费用。

$$二次搬运费 = 计算基数 \times 二次搬运费费率(\%) \tag{3-26}$$

(4)冬雨季施工增加费

冬雨季施工增加费指在冬季或雨季施工时需增加的临时设施、防滑、排除雨雪、人工及施工机械效率降低等发生的费用。

$$冬雨季施工增加费 = 计算基数 \times 冬雨季施工增加费费率(\%) \tag{3-27}$$

(5)已完工程及设备保护费

已完工程及设备保护费指竣工验收前对已完工程及设备采取必要的保护措施所发生的费用。

$$已完工程及设备保护费 = 计算基数 \times 已完工程及设备保护费费率(\%) \tag{3-28}$$

(6)工程定位复测费

工程定位复测费指工程施工过程中进行全部施工测量放线和复测工作的费用。

(7)特殊地区施工增加费

特殊地区施工增加费指工程在沙漠或其边缘地区、高海拔、高寒、原始森林等特殊地区施工所增加的费用。

(8)大型机械设备进出场及安拆费

大型机械设备进出场及安拆费指机械整体或分体自停放场地运至施工现场或由一个施工地点运至另一个施工地点，所发生的机械进出场运输及转移费用，以及机械在施工现场进行安装、拆卸所需的人工费、材料费、机械费、试运转费和安装所需的辅助设施的费用。

(9)脚手架工程费

脚手架工程费指施工所需要的各种脚手架搭、拆、运输的费用以及脚手架购置费的摊销(或租赁)费用。

国家计量规范规定除了以上不宜计量的措施项目费须采用费率计算的方法外，其他应该予以计量计算，计算公式为：

$$措施项目费 = \sum(措施项目工程量 \times 综合单价) \tag{3-29}$$

3. 其他项目费

(1)暂列金额

暂列金额指建设单位在工程量清单中暂定并包括在工程合同价款中的一笔款项。主要是指用于施工合同签订时尚未确定或者不可预见的所需材料、工程设备、服务的采购、施工中可能发生的工程变更、合同约定调整因素出现时的工程价款调整以及可能发生的索赔、现场签证确认等的费用。

暂列金额由建设单位根据工程特点按有关计价规定估算确定，在施工过程中由建设单位掌握使用。扣除合同价款调整后的该项金额如果还有余额，余额归建设单位所有。

(2)计日工

计日工指在施工过程中，施工企业完成建设单位提出的工程合同范围以外的零星项目或工作所需的费用。

计日工由建设单位和施工企业按照施工过程中的签证来计价。

(3)总承包服务费

总承包服务费指总承包人为配合、协调建设单位而进行专业工程发包，并对建设单位自行采购的材料、工程设备等进行保管以及施工现场管理、竣工资料汇总整理等服务所需的费用。

4. 规费

规费指按国家法律、法规规定，由省级政府和省级有关权力部门规定必须缴纳或计取的费用，其计算如按费用组成划分中所述，不得将其作为竞争性费用。

5. 税金

税金指国家税法规定的应计入建筑安装工程造价内的各种税费，其计算如按费用组成划分中所述，不得将其作为竞争性费用。

3.2 工程量清单计价

目前我国建筑安装工程的计价方法有两种：定额计价法(工料单价法)和工程量清单计价法(综合单价法)。在进行工程造价计算时，要根据投资性质、项目特点和工程造价计算阶段的要求选取其中的一种方法进行计价计算。

《建设工程工程量清单计价规范》(GB 50500—2013)中有强制性的条文规定：使用国有资金投资的建设工程的发承包，必须采用工程量清单计价。即在建设项目的发承包阶段，对于国有资金投资项目，发包方的标底和招标控制价的计算、投标方的报价计算、以及工程项目施工阶段的结算与竣工结算和决算都要使用工程量清单计价方法。

也有选择性的一般规定：对于非国有资金投资的建设工程，宜采用工程量清单计价。即对于非国有资金投资项目，国家不强制规定，只是建议使用工程量清单计价，但也可以使用定额计价法，可以根据招标文件的规定和施工合同的约定来选择使用哪种计价方法。

3.2.1 工程量清单计价规范概述

1. 工程量清单计价的基本概念

(1)工程量

工程量即工程的数量，是用物理计量单位或自然计量单位来表示各个具体工程和构配件、设备等的数量。物理计量单位，一般是指以公制度量表示的长度、面积、体积、重量等。例如建筑物的建筑面积(m^2)，设备用房的面积(m^2)，墙基础、墙体、柱等的体积(m^3)，通风管道、水管道等的长度(m)，风机、水泵等设备的重量(t)等。自然计量单位，一般是以物体的自然形态表示的计量单位，例如空调制冷机房、空调制冷机组等都以个为单位计量。

工程量是确定工程造价重要的基本依据，工程量计算准确是编制工程量清单的前提条件。

(2)工程量清单

工程量清单是一种“广义”的工程量表，是用来表示拟建工程的分部分项工程项目、措施项目、其他项目名称和相应数量的明细表格。《建设工程工程量清单计价规范》(GB 50500—2013)规定了“四个统一”，即招标人按照统一的工程量计算规则、统一的项目编码、统一的项目名称和统一的计量单位来编制的工程量明细。

工程量清单是招标文件的重要组成部分，是由招标人提供的一套注有拟建工程各实物工程名称、性质、特征、数量、单位以及开办项目、税费等相关表格组成的文件；也是由具有编制招标文件能力的招标人或具有相应资质的工程造价咨询单位来编制的。工程量清单体现了招标人要求投标人需完成的工程项目及相应的工程数量，全面反映了投标报价要求，是投标人进行报价的最基本依据。

(3)工程量清单计价

工程量清单计价是建设工程招投标过程中，由招标人按照国家统一的工程量规则提供工程量清单，再由投标人依据工程量清单拟建工程的施工方案，结合自身实际情况并考虑风险后自主报价的工程造价计价模式。报价包括分部分项工程费、措施项目费、其他项目费、规费和税金，是招标人提供的工程量清单所列项目的全部费用。

工程量清单计价方法提供了一种市场形成价格的计价模式，对工程造价管理体制的改革将会产生重要的作用。

2. 工程量清单计价规范的编制依据和原则

(1)编制依据

①《建设工程工程量清单计价规范》(GB 50500—2013)。

②现行的各种工程计价、计量定额。包括原建设部发布的工程基础定额、消耗量定额、预算定额，以及各省、自治区、直辖市或行业建设主管部门发布的工程计价定额。

③相关的国家或行业技术标准、规范、规程等。

④近年来工程施工的新技术、新工艺和新材料的资料数据。

⑤在全国范围内广泛征求和收集的关于原计价规范的施行意见等。

(2)编制原则

①计价依据的编制原则主要是：依法原则、全责对等原则、公平交易原则、可操作性原则、从约原则等。

②计量依据的编制原则主要是：工程量计算规则的统一性、计量单位的方便性、项目编码的唯一性、项目设置的简明性等。

3. 工程量清单计价规范的特点

《建设工程工程量清单计价规范》(GB 50500—2013)(以下简称《计价规范》)的特点有以下五个方面。

(1)强制性

按照《计价规范》的规定，全部使用国有资金或国有资金投资为主的大中型建设工程，都应执行工程量清单计价方法。同时凡是在建设工程招投标中实行工程量清单计价的工程，都应遵守计价规范。《计价规范》是由建设主管部门按照强制性国家标准的要求批准颁布的。

《计价规范》从资金来源方面，规定了强制实行工程量清单计价的范围，即“全部使用国有资金或国有资金投资为主的大中型建设工程应执行本规范”。“国有资金”是指国家财政性预算内或预算外的资金以及国家机关、国有企事业单位和社会团体的自有资金及借贷资金，国家通过对内发行政府债券或向外国政府及金融机构举借主权外债所筹集的资金也应视为国有资金。“国有资金投资为主”的工程是指国有资金占总投资额50%以上或虽不足50%但国有资产投资者实质上拥有控股权的工程。“大中型建设工程”的界定则按国家有关部门的规定执行。

(2)统一性

《计价规范》明确了工程量清单是招标文件的组成部分，招标人在编制工程量清单时必须做到四个统一，即统一项目编码、统一项目名称、统一计量单位、统一工程量计算规则。

(3)实用性

在《计价规范》中，项目名称明确清晰，工程量计算规则简洁明了，特别是还列有项目特征和工程内容，便于编制工程量清单时确定项目名称和工程造价。

(4)竞争性

在《计价规范》中，工程量清单中只有“措施项目”一栏，具体采用什么措施，如管道安装方式、设备吊装方式等详细内容则由投标人根据施工组织设计及企业自身情况报价，这是各企业竞争能力的体现，也是企业的竞争项目。另外，工程量清单中人工、材料和施工机械没有具体的消耗量，也没有单价，投标人既可以依据企业的定额和市场价格信息进行报价，也可以参照建设行政主管部门发布的社会平均消耗量定额进行报价，这也反映了企业的竞争力。

(5)通用性

采用工程量清单计价能与国际惯例接轨，符合工程量计算方法标准化、工程量计算规则统一化、工程造价确定市场化的要求，是国际上通用的工程造价计价方法。工程造价确定的日趋市场化，必然要求工程造价的依据和计价方法更具通用性。

4. 工程量清单计价规范的内容

《计价规范》由正文和附录组成。

正文包括总则、术语、一般规定、工程量清单编制、招标控制价、投标报价、合同价款的约定、工程计量、合同价款调整、合同价款期中支付、竣工结算与支付、合同解除的价款结算与支付、合同价款争议的解决、工程造价鉴定、工程计价资料与档案和工程计价表格，共计16章。

附录包括物价变化合同价款调整方法，工程计价文件封面、扉页、总说明、汇总表，分部分项工程和单价措施项目清单与计价表，其他项目计价表，规费、税金项目计价表，工程计量申请(核准)表，合同价款支付(核准)申请表，主要材料、工程设备一览表等。

3.2.2 工程量清单的作用

工程量清单计价方法是区别于传统的定额计价方法的一种新的计价模式，也是一种符合国际惯例的计价模式。但考虑到我国目前工程建设管理体制的实际情况，在工程造价计价中，定额计价和工程量清单计价两种计价方法将并存一段时间。目前工程量清单计价方法主要在工程的招投标活动中推行。

工程量清单计价体现了量、价分离，风险共担和市场形成价格的原则，有利于规范建设市场行为；有利于降低工程造价和计价成本，提高投资效益；有利于提高企业经营、管理水平，促进技术进步；有利于建设市场的对外开放和与国际建筑市场的接轨。

1. 规范建设市场秩序，实现市场机制决定工程造价

工程造价形成的主要阶段是在招投标阶段，工程量清单计价有利于发挥企业自主报价的能力。由于工程量清单是公开的，投标企业在投标报价时必须考虑工程本身的特点，以及企业自身的施工能力、管理水平和市场竞争能力，考虑工程进度、投资规模、资源计划等因素，对工程成本、利润等进行分析，使报价能够比较准确地反映工程实际并与市场条件相吻合，实现由政府定价向市场定价的转变。

2. 促进建设市场有序竞争，使工程造价更加合理

工程量清单招投标，对招标人来说，由于工程量清单是招标文件的组成部分，招标人必须编制出准确的工程量清单，并承担相应的风险。这有利于规范业主在招标中的行为，有效避免招投标过程中的弄虚作假、暗箱操作、盲目压价等，并且促进招标人提高管理水平。由于市场经济体现的是优胜劣汰、适者生存，投标企业通过竞争报价，真正体现了公开、公平、公正的原则，也适应了市场经济规律，使工程造价更加合理。实行工程量清单计价，是规范建设市场秩序，适应社会主义经济发展的需要。

3. 有利于提高施工企业经营管理水平

实行工程量清单计价，对投标人来说，必须精心选择施工方案，合理组织施工，合理控制现场费用和施工技术措施费用，并对工程造价的构成进行全面分析。有利于投标单位改进经营管理，提高技术水平，提高工程造价的控制和管理能力，增强竞争力。此外，由于投标清单上的综合单价是拨付工程款的依据，所以工程量清单对保证工程款的支付和竣工结算都起到重要作用，避免了施工企业资金上的困难，促进了施工企业的健康发展。因此，工程量清单计价最终将全面提高我国建设施工企业的整体水平。

4. 有利于我国工程造价政府管理职能的转变

实行工程量清单计价，将过去由政府控制的指令性定额计价方法转变为了制定适应市场经济规律需要的工程量清单计价方法，由过去政府直接干预转变为了对工程造价的依法监督，有效地加强了政府对工程造价的宏观调控。

5. 有利于提高参与国际化竞争的能力

我国加入世界贸易组织（WTO）以后，经济领域的运动必须满足国际经济一体化的规则，工程造价管理也要逐步向国际惯例靠拢。建设市场的开放是对等的，国外的企业以及投资项目越来越多地进入国内市场，国内也有越来越多的建设队伍走出国门，到国际市场上与国外

的建设公司一争高下，推行国际通行的计价方法——工程量清单计价，就为建设市场主体创造了一个与国际惯例接轨的市场竞争环境，有利于提高国内建设各方主体参与国际化竞争的能力。

3.2.3 工程量清单的主要内容和编制方法

工程量清单作为招标文件的组成部分，应反映拟建工程的全部工程内容和为实现这些工程内容而进行的一切工作，也应体现招标人需要投标人完成的工程项目及相应的工程数量，是投标人进行报价的依据。我国工程量清单的主要内容有：工程量清单封面、填表须知、工程量清单总说明、分部分项工程量清单、措施项目清单、其他项目清单、零星工作项目表以及主要材料价格表。除这些基本内容以外，招标人还可以根据工程的具体情况加以补充，并采用统一格式进行编制。下面以某综合楼通风空调工程为例，具体介绍工程量清单的主要内容和编制方法。

1. 工程量清单封面和填表须知的编制

招标人需在工程量清单封面上填写以下内容：拟建的工程项目名称、招标人(即招标单位)、法定代表人、中介机构法定代表人、造价工程师及注册证号、编制时间等。某综合楼通风空调单位工程的工程量清单封面如图3－3所示。

<u>某综合楼通风空调</u>工程

工 程 量 清 单

招　标　人：＿＿＿＿＿＿＿＿＿＿＿　(单位签字盖章)

法定代表人：＿＿＿＿＿＿＿＿＿＿＿　(单位签字盖章)

中介机构

法定代表人：＿＿＿＿＿＿＿＿＿＿＿　(签字盖章)

造价工程师

及注册证号：＿＿＿＿＿＿＿＿＿＿＿　(签字盖职业专用章)

编制时间：＿＿＿＿＿＿＿＿＿＿＿

图3－3　工程量清单封面

工程量清单封面之后是填表须知，规范上包括以下4条，招标人可根据具体情况进行补充。

①工程量清单及其计价格式中所有要求签字、盖章的地方，必须由规定的单位和人员签字、盖章。

②工程量清单及其计价格式中的任何内容都不得随意删除或涂改。

③工程量清单及其计价格式中列明的所有需要填报的单价和合价，投标人均应填写，未填报的单价和合价，则视为此项费用已包含在工程量清单的其他单价和合价中。

④金额(价格)均应以人民币表示。

2. 工程量清单总说明的编制

工程量清单的总说明是招标人用于拟招标工程的工程概况、招标范围、工程量清单的编制依据、工程质量的要求、主要材料的价格来源等的说明，具体如下：

①工程概况是指该工程的建设单位、建设规模、工程特征、建筑物结构、计划工期、施工现场实际情况、地理位置、交通运输情况、环境保护要求等。

②招标范围是指工程招标和分包的范围。

③工程量清单编制的依据主要是指《建设工程工程量清单计价规范》(GB 50500—2013)、施工设计图纸和施工组织设计等。

④工程质量、材料、施工等的特殊要求，是指工程质量要求达到的等级标准、主要设备、材料的规格型号、价格要求等。

⑤招标人自行采购材料的名称、规格型号、数量等。

⑥招标人预留金的数额。

⑦其他需要说明的问题。

某综合楼通风空调单位工程的工程量清单总说明如图 3－4 所示。

工程名称：某综合楼通风空调安装工程

(1)工程概况：由某投资总公司投资兴建的某综合楼通风空调安装工程；坐落于广州市北郊，建筑面积：7331 m^2，占地面积：15000 m^2；建筑总高度：21.7 m，首层层高：4.7 m，标准层层高：3.2 m，层数：6 层；结构形式：框架结构；基础类型：管桩；施工工期：10 个月；施工现场临近公路，交通运输方便

(2)本期工程范围包括：通风空调安装工程

(3)编制依据：本工程依据《广东省建筑工程计价办法》中的工程量清单计价办法，并根据某某单位设计的某综合楼通风空调安装工程施工设计图来计算实物工程量

(4)工程质量应达到优良标准

(5)材料价格按照本地 2016 年一季度市场价计入

(6)考虑施工中可能发生的设计变更或清单有误，招标人预留金 135000 元

(7)投标人在投标时应按《建设工程工程量清单计价规范》规定的统一格式，提供“分部分项工程量清单综合单价分析表”“措施项目费分析表”

图 3－4 工程预算总说明

3. 分部分项工程量清单的编制

分部分项工程量清单即将拟建工程的分部分项工程数量以表格形式表现(表 3－1)。

表3-1 分部分项工程量清单

项目编码	项目名称	计量单位	工程数量

分部分项工程清单项目的设置，原则上是以形成工程实体为主的。所谓实体是指形成生产或工艺作用的主要实体部分，对附属或次要部分不设置项目。项目必须包括完成或形成实体部分的全部内容。如工业管道安装工程项目，实体部分指管道，完成这个项目还包括：防腐、刷油、绝热、保温、管道试压等。刷防腐漆、做保温层和保护壳尽管也是实体，但对管道而言，它们属于附属项目。但也有个别工程项目，既不能形成工程实体，也不能综合在某一个实物量中。如采暖工程、通风空调工程的系统调试项目，就是某些设备安装工程中不可或缺的内容，没有测试调整便达不到运行前的验收要求。因此，系统调试项目须作为工程量清单项目单列。

分部分项工程量清单是按照计价规范中统一的项目编码、统一的项目名称、统一的计量单位、统一的工程量计算规则来编制的。招标人必须按规范规定来编制，不得因情况不同而随意变动。

(1)项目编码

每一个分部分项工程清单项目都要给定一个编码。项目编码采用12位阿拉伯数字来表示，前9位为统一编码，后3位是清单项目名称编码，由清单编制人根据设置的清单项目确定。项目编码的形式和含义如下(从左起)：

编码　××　××　××　×××　×××

第1、2位编码表示建设工程分类的顺序码，例如：01为建筑工程、02为装饰装修工程、03为安装工程、04为市政工程、05为园林绿化工程。第3、4位编码表示专业工程的顺序码，例如：03 03表示安装工程的第三章“热力设备安装工程”，03 09表示安装工程的第九章“通风空调工程”。第5、6位编码表示分部工程的顺序码，例如：0309 01 表示安装工程的第九章“通风空调工程”中的通风及空调设备及部件制作安装，0309 03表示其中的通风管道部件制作安装。第7、8、9位编码表示该分部工程中分项工程的顺序码，例如：030901 001表示空气加热器(冷却器)。第10、11、12位编码表示该分项工程中的子目，由编制人设置，从001开始编排。

例如：项目编码030903001001的含义为，从左起03表示安装工程，09表示其中的第九章“通风空调工程”，03表示其中的通风管道部件制作安装，001表示其中的碳钢调节阀制作安装，最后3位表示防火阀(1000 mm×400 mm)制作安装。而项目编码030903001002，前边9位数含义一样，最后的002表示防火阀(800 mm×300 mm)制作安装。

随着科学技术的不断发展，计价规范中没有及时体现出来的新材料、新技术、新工艺等项目，应由编制人自行补充。补充项目应填写在工程量清单的相应分部工程之后，并在“项目编码”栏中以“补”字示之。

(2)项目名称

清单项目名称应严格按照计价规范规定，在描述时，可根据拟建工程项目的规格、型号、材质等特征进一步详细阐明，但不得随意更改项目名称。例如：030803003的工程项目名称为“焊接法兰阀门”，可描述为“焊接法兰止回阀”或“焊接法兰闸阀”，但不能简单表述为“阀门”。能够反映出影响工程造价的主要因素即可。

(3)项目特征和工程内容

项目特征和工程内容是用来描述清单项目的，即通过对项目特征的描述，使清单项目的名称清晰、具体和详细。设备安装工程比较复杂，项目特征既要表现自身特征和工艺特征，还要表现施工方法特征，否则容易造成计价混乱。例如通风管道部件制作安装中的碳钢调节阀制作安装清单项目见表3－2。

表3－2 碳钢调节阀制作安装清单项目

项目编码	项目名称	项目特征	计量单位	工程内容
030903001	碳钢调节阀制作安装	1. 类型、规格 2. 周长 3. 质量 4. 除锈标准、刷油设计要求	个	安装 制作 除锈、刷油

项目特征是清单项目设置的基础和依据。即使是同一规格、同一材质，如果施工工艺或施工位置不同，原则上也要分别设置清单项目，做到具有不同特征的项目分别列项。清单项目描述越清晰准确，投标人越能全面准确地理解招标工程内容和要求，报价也就越正确。如果发生了计价规范中没有列出的工程内容，清单项目描述时应予以补充，描述不清会引起综合单价不准确，从而给评标和工程管理带来麻烦。

(4)工程量计算

工程量清单计价中，计量单位均为基本计量单位，如m、m^2、m^3、kg、个、台等，不使用扩大单位(如10 m、100 kg)，这一点与定额计价的计量单位不同。

工程量计算以统一的计算规则为基础。清单计价的计量原则是以实体安装就位的净尺寸计算的，投标人报价时，在综合单价中应考虑施工中的各种损耗和需要增加的工程量。而传统的定额计价，其定额消耗量则是在净值的基础上，再加上施工操作(或定额)规定的预留量，而这个量会随施工方法、措施的不同而变化。因此两者的工程量计算规则有区别，不能混淆。

工程量的计算规则是按建设工程的主要专业划分的，包括建筑工程、装饰装修工程、安装工程、市政工程和园林绿化工程等，各专业部分又包括数个分部工程项目。例如安装工程包括的13个分部工程为：机械设备安装工程，电气设备安装工程，热力设备安装工程，炉窑砌筑工程，静置设备与工艺金属结构制作安装工程，工业管道工程，消防工程，给水、排水、采暖、燃气工程，通风空调工程，自动化控制仪表安装工程，通信设备及线路工程，建筑智能化系统设备安装工程，长距离输送管道工程。各专业分部工程项目的计算规则见《建设工程工程量清单计价规范》。分部分项工程量清单实例见表3－3。

表3-3 分部分项工程量清单

工程名称：某综合楼通风空调安装工程　　　　第__页 共__页

序号	项目编码	项目名称	工程数量
		第一册 机械设备安装工程	
1	030109001001	离心水泵 CHMP 186 m^3/h，$N=30$ kW，保温冷厚度 50 mm，保护层镀锌钢板 $\delta=0.5$ mm	3台
2	030109001002	离心式水泵 CWPQ 242 m^3/h，$N=30$ kW	3台
3	030113016001	玻璃钢低噪声冷却塔 $Q=220$ m^3/h，$N=7.5$ kW	2台
4		其他项目略	
		第九册 通风空调工程	
5	030901004001	空调器安装	1台
6	030901005001	风机盘管安装吊顶式 AHU6-300	4台
7	030902001001	矩形镀锌钢板风管制作安装(焊接、手工除锈、红丹防锈漆两遍、调和漆两遍)，周长4000 mm以上，$\delta=2$ mm	166.80 m^2
8	030902001002	矩形镀锌钢板风管制作安装(焊接、手工除锈、红丹防锈漆两遍、调和漆两遍)，周长4000 mm以下，$\delta=1.5$ mm	121.00 m^2
9	030904001001	通风系统检测调试	1系统
10	…	其他项目略	

4. 措施项目清单的编制

为了顺利完成工程项目的施工，将在工程施工前期和施工过程中发生的技术、生活、安全等方面的非工程实体项目称为措施项目。措施项目清单也是用表格形式来表现的。计价规范提供了拟建工程各方面可能发生的措施项目名称，以供编制工程量清单时参考。措施项目一览表见表3-4。

表3-4 措施项目一览表

序号	项目名称	序号	项目名称
1. 通用项目			
1.1	环境保护	1.7	大型机械设备进出场及安拆
1.2	文明施工	1.8	混凝土、钢筋混凝土模板及支架
1.3	安全施工	1.9	脚手架
1.4	临时设施	1.10	已完工程及设备保护
1.5	夜间施工	1.11	施工排水、降水
1.6	二次搬运		

续表 3－4

序号	项目名称	序号	项目名称
2. 建筑工程			
2.1	垂直运输机械		
3. 装饰装修工程			
3.1	垂直运输机械	3.2	室内空气污染测试
4. 安装工程			
4.1	组装平台	4.8	现场施工围栏
4.2	设备、管道施工的安全、防冻和焊接保护措施	4.9	长输管道临时水工保护设施
4.3	压力容器和高压管道的检验	4.10	长输管道施工便道
4.4	焦炉施工大棚	4.11	长输管道跨越、穿越施工措施
4.5	焦炉烘炉、热态工程	4.12	长输管道地下穿越地上建筑物的保护措施
4.6	管道安装后的充气保护措施	4.13	长输管道工程施工队伍调遣
4.7	隧道内施工的通风、供水、供气、供电、照明及通信设施	4.14	格架式抱杆
5. 市政工程			
5.1	围堰	5.5	便桥
5.2	筑岛	5.6	洞内施工的通风、供水、供气、供电、照明及通信设施
5.3	现场施工围栏	5.7	驳岸块石清理
5.4	便道		

表 3－4 中“通用项目”所包含的内容，在编制各专业工程的“措施项目清单”中都可以考虑列入。其他各专业工程中所包含的内容，只能在编制各相应专业的“措施项目清单”时才可以列入。措施项目清单的编制应考虑多种因素，除工程本身的因素外，还涉及水文、气象、环境、安全以及施工企业的实际情况等。表 3－4 中提供的措施项目只是作为列项的参考，根据工程的具体情况，对于表中未列的措施项目，工程量清单编制人应作补充，列在措施项目清单最后，并在序号栏中以“补”字示之。措施项目清单以“项”为计量单位，相应数量为“1”。

某综合楼通风空调安装工程的措施项目清单见表 3－5。

表 3－5 措施项目清单

工程名称：某综合楼通风空调安装工程　　　　第 1 页　共 1 页

序号	项目名称	序号	项目名称
1	临时设施	3	脚手架搭拆
2	文明施工		

5. 其他项目清单的编制

除分部分项工程清单和措施项目清单以外，该工程项目施工中还可能发生的其他费用部分应用其他项目清单表示出来。计价规范中提供的其他项目包括预留金、材料购置费、总承包服务费、零星工作项目费等。

项目建设标准的高低、工程的复杂程度、工期的长短等因素都会直接影响其他项目清单中的具体内容。其中的预留金、材料购置费、零星工作项目等应由招标人根据拟建工程的实际情况预测而提出数量。对于零星工作项目，招标人要列出人工、材料、机械的名称、计量单位和相应数量，以“零星工作项目表”的形式随工程量清单发至投标人。工程结算时，工程量按承包人实际完成的计算，单价按中标时的报价不变。

若还有未列出的其他项目，工程量清单编制人应作补充，列在其他项目清单最后，并在序号栏中以“补”字示之。其他项目清单见表3－6，零星工作项目表见表3－7。

表3－6 其他项目清单

工程名称：某综合楼通风空调安装工程　　　　第1页　共1页

序号	项目名称	序号	项目名称
1. 招标人部分			
1.1	其他	1.2	预留金
2. 投标人部分			
2.1	总承包服务费	2.4	零星工作项目费
2.2	工程保险费	2.5	工程保修费
2.3	赶工措施费		

表3－7 零星工作项目表

工程名称：某综合楼通风空调安装工程　　　　第__页　共__页

序号	名称	计量单位	数量
1. 人工			
1.1	钳、铆工	工日	20
1.2	焊工	工日	20
1.3	油漆工	工日	19
1.4	设备保管员	工日	90
1.5	保安员	工日	90
2. 材料			
2.1	工字钢	吨	1.860
2.2	钢板 δ 为 8～10 mm	吨	0.350

续表 3-7

序号	名称	计量单位	数量
3. 机械			
3.1	电动卷扬机	台班	4
3.2	直流电焊机 20 kW	台班	12
4. 其他			

6. 主要材料价格表的编制

招标人提供的工程量清单中还包括主要材料价格表，表中包含着详细的材料编码、材料名称、规格型号和计量单位，其中材料编码按统一的编码填写。主要材料价格表见表 3-8。

表 3-8　主要材料价格表

工程名称：某综合楼通风空调安装工程　　　　第__页　共__页

序号	材料编码	材料名称	规格型号等特殊要求	单位	单价(元)
1	TC1000002	防火阀	800 mm×400 mm	个	
2	TC1000004	自动排烟防火调节阀	800 mm×400 mm，280℃	个	
3	TC1000033	单层排风百叶	600 mm×300 mm	个	
4	TC1000036	防雨百叶风口	1500 mm×1000 mm	个	
5	Z150101	镀锌钢管	DN100	m	
以下略					

3.2.4　工程量清单计价的主要内容和编制

工程量清单计价是指投标人根据招标人提供的工程量清单而进行的自主报价、招标人编制工程标底、承发包双方确定工程量清单合同价款、调整工程竣工结算等活动。

工程量清单计价的造价，包括按招标文件规定完成工程量清单所列项目的全部费用以及工程量清单项目中没有体现的，施工中又必须发生的工程内容所需的费用等。具体内容包括：分部分项工程费、措施项目费、其他项目费和规费、税金。工程量清单计价采用综合单价计价。综合单价应包括完成某一规定计量单位的合格产品所需的全部费用，考虑到我国国情，综合单价应包括除规费、税金以外的全部费用。综合单价是以招标文件、合同文件、工程量清单和消耗量定额为计算依据的。

1. 工程量清单计价步骤

做好工程量清单计价有一定的步骤。

①熟悉工程量清单：工程量清单是计算工程造价最重要的基础依据，进行计价时应该全

面了解每一个清单项目的特征描述，熟悉其包含的工程内容，做到不漏项、不重复计算。

②研究招标文件：工程招标文件的有关条款、要求和合同条件，是计算工程计价的重要依据。有关承发包工程的范围、内容、期限、工程材料、设备采购供应等在招标文件中都有具体规定，只有按规定进行计价，才能保证其有效性。投标单位拿到招标文件后，要对照图纸，对招标文件提供的工程量清单进行复查或复核，及时发现清单编制中存在的问题。

③熟悉施工图纸：全面、系统地阅读施工图纸，是准确计算工程造价的重要工作。收集设计图纸中选用的标准图和大样图，掌握安装构件的部位、尺寸和施工要求，了解本专业施工和其他专业施工之间的搭接顺序，记录图纸中的错、漏或不清楚的地方，以上这些有助于工程造价的确定。

④了解施工组织设计：施工组织设计或施工方案是施工单位的技术部门针对具体工程的特征而编制的指导施工的文件。主要包括施工技术措施、安全措施、施工机械配置、是否增加辅助项目等。所涉及的费用主要属于措施项目费。

⑤熟悉加工订货的有关情况：明确建设方和施工方在加工订货方面的分工。对需要委托加工订货的设备、材料、零件等要提出委托加工计划，并落实加工单位及加工的价格。

⑥明确主材和设备的来源情况：建设工程中主材和设备的型号、规格、重量、材质、品牌等对工程计价的影响非常大，招标人对主材和设备的范围及有关内容要明确，必要时还需注明产地和厂家。

⑦计算工程量：工程量计算包括两部分，一是核算工程量清单提供的项目工程量是否准确；二是计算每一个清单主体项目所组合的辅助项目工程量来分析综合单价。

⑧确定措施项目清单的内容：措施项目清单是完成项目施工所必须采取的措施工作内容，要根据自己的施工组织设计或施工方案来填写。

⑨计算综合单价：将工程量清单的主体项目及其组合的辅助项目进行汇总，并填入分部分项工程综合单价计算表。目前大部分采用消耗量定额来分析综合单价的，首先都要根据定额的计量单位，选套相应定额，并计算出各项的管理费和利润，然后汇总为清单项目费合价，最后再分析出综合单价。综合单价是报价和调价的主要依据。

⑩计算措施项目费、其他项目费、规费、税金等：根据项目费用计算基础和当地的费用标准计算出措施项目费、其他项目费、规费、税金。

⑪工程量清单计价：将分部分项工程项目费、措施项目费、其他项目费、规费、税金进行汇总、合并，最后计算出工程造价。

2. 分部分项工程费计算

计算方法见公式(3－22)。

分部分项工程的综合单价包括以下内容：分部分项工程主体项目的每一清单计量单位人工费、材料费、机械费、管理费、利润；与主体项目相结合的辅助项目的每一清单计量单位人工费、材料费、机械费、管理费、利润；在不同条件下施工需增加的人工费、材料费、机械费、管理费、利润；在不同时期应调整的人工费、材料费、机械费、管理费、利润。分部分项工程综合单价分析表见表3－9。某综合楼通风空调安装工程的分部分项工程综合单价分析表见表3－10。

表 3－9 分部分项工程综合单价分析表形式

<table>
<tr><th rowspan="2">序号</th><th rowspan="2">项目编码</th><th rowspan="2">项目名称</th><th rowspan="2">工程内容</th><th colspan="5">综合单价构成</th><th rowspan="2">综合单价</th></tr>
<tr><th>人工费</th><th>材料费</th><th>机械使用费</th><th>管理费</th><th>利润</th></tr>
<tr><td></td><td></td><td></td><td></td><td></td><td></td><td></td><td></td><td></td><td></td></tr>
</table>

表 3－10 分部分项工程综合单价分析表

工程名称：某综合楼通风空调安装工程　　　　第__页　共__页

<table>
<tr><th rowspan="2">序号</th><th rowspan="2">项目编码</th><th rowspan="2">项目名称</th><th rowspan="2">工程内容</th><th colspan="5">综合单价构成</th><th rowspan="2">综合单价</th></tr>
<tr><th>人工费</th><th>材料费</th><th>机械使用费</th><th>管理费</th><th>利润</th></tr>
<tr><td rowspan="2">1</td><td rowspan="2">030109001001</td><td rowspan="2">离心水泵 CHMP 186 m³/h，N= 30 kW，保温冷厚度 50 mm，保护层镀锌钢板 δ=0.5 mm</td><td>本体安装</td><td>673.32</td><td>164.38</td><td>111.33</td><td>246.29</td><td>185.16</td><td rowspan="2">1380.48 元/台</td></tr>
<tr><td>小计</td><td>673.32</td><td>164.38</td><td>111.33</td><td>246.29</td><td>185.16</td></tr>
<tr><td>2</td><td>030109001002</td><td>离心式水泵 CWPQ 242 m³/h，N=30 kW</td><td colspan="6">略</td><td>1837.62 元/台</td></tr>
<tr><td>3</td><td>030113016001</td><td>玻璃钢低噪声冷却塔 Q=220 m³/h，N=7.5 kW</td><td colspan="6">略</td><td>2249.38 元/台</td></tr>
<tr><td rowspan="3">4</td><td rowspan="3">030901004001</td><td rowspan="3">空调器安装</td><td>1. 安装</td><td>48.00</td><td></td><td></td><td>12.34</td><td>13.20</td><td rowspan="3">74.69 元/台</td></tr>
<tr><td>2. 高层建筑增加费</td><td>0.70</td><td></td><td></td><td>0.26</td><td>0.19</td></tr>
<tr><td>小计</td><td>48.70</td><td></td><td></td><td>12.60</td><td>13.39</td></tr>
<tr><td>5</td><td>030901005001</td><td>风机盘管安装吊顶式 AHU6－300</td><td></td><td></td><td></td><td></td><td></td><td></td><td>123.02 元/台</td></tr>
</table>

续表 3－10

<table>
<tr><th rowspan="2">序号</th><th rowspan="2">项目编码</th><th rowspan="2">项目名称</th><th rowspan="2">工程内容</th><th colspan="5">综合单价构成</th><th rowspan="2">综合单价</th></tr>
<tr><th>人工费</th><th>材料费</th><th>机械使用费</th><th>管理费</th><th>利润</th></tr>
<tr><td rowspan="4">6</td><td rowspan="4">030902001001</td><td rowspan="4">矩形镀锌钢板风管制作安装（焊接、手工除锈、红丹防锈漆两遍、调和漆两遍），周长 4000 mm 以上，$\delta=2$ mm</td><td>①风管、管件、法兰、制作、安装</td><td>16.27</td><td>102.36</td><td>10.51</td><td>4.18</td><td>4.47</td><td rowspan="4">154.46 元/m^2</td></tr>
<tr><td>②风管、法兰等除锈、刷油</td><td>5.56</td><td>8.20</td><td></td><td>0.98</td><td>1.53</td></tr>
<tr><td>③高层建筑增加费</td><td>0.24</td><td></td><td></td><td>0.09</td><td>0.07</td></tr>
<tr><td>小计</td><td>22.07</td><td>110.56</td><td>10.51</td><td>5.25</td><td>6.07</td></tr>
<tr><td>7</td><td>030902001002</td><td>矩形镀锌钢板风管制作安装（焊接、手工除锈、红丹防锈漆两遍、调和漆两遍），周长 4000 mm 以下，$\delta=1.5$ mm</td><td colspan="6">略</td><td>137.57 元/m^2</td></tr>
<tr><td>8</td><td>030904001001</td><td>通风系统检测调试</td><td colspan="6">略</td><td>13962.70 元/系统</td></tr>
<tr><td></td><td></td><td>其他项目略</td><td colspan="6"></td><td></td></tr>
</table>

分部分项工程量清单计价表中的序号、项目编码、项目名称、计量单位、工程数量等必须和招标人提供的分部分项工程量清单中的内容相对应，这是投标报价中最基本的表格之一。例如某综合楼通风空调安装工程的分部分项工程量清单计价表见表 3－11。

表 3-11 分部分项工程量清单计价表

序号	项目编码	项目名称	计量单位	工程数量	金额(元)	
					综合单价	合价
		第一册 机械设备安装工程				
1	030109001001	离心水泵 CHMP 186 m^3/h, N = 30 kW, 保温冷厚度 50 mm, 棉席被类制品保护层镀锌钢板 δ = 0.5 mm	台	3	1380.49	4141.44
2	030109001002	离心式水泵 CWPQ 242 m^3/h, N = 30 kW	台	3	1837.62	5512.86
3	030113016001	玻璃钢低噪声冷却塔 Q = 220 m^3/h, N = 7.5 kW	台	2	2249.38	4498.76
		小计				14153.06
		第九册 通风空调工程				
4	030901004001	空调器安装	台	1	74.69	74.69
5	030901005001	风机盘管安装吊顶式 AHU6-300	台	4	123.02	492.08
6	030902001001	矩形镀锌钢板风管制作安装(焊接、手工除锈、红丹防锈漆两遍、调和漆两遍), 周长 4000 mm 以上, δ = 2 mm	m^2	166.80	154.46	25763.93
7	030902001002	矩形镀锌钢板风管制作安装(焊接、手工除锈、红丹防锈漆两遍、调和漆两遍), 周长 4000 mm 以下, δ = 1.5 mm	m^2	121.00	137.57	16645.97
8	030904001001	通风系统检测调试	系统	1	13962.70	13962.70
		其他项目略				略
		小计				略
		本页小计				略
		合计				1239097.33

3. 措施项目费计算

投标报价时，措施项目费由编制人根据企业的情况自行计算。编制人没有计算或少计算的费用视为已包括在其他费用内，额外的费用除招标文件和合同约定外，不予支付。

措施项目费应根据拟建工程的具体情况计算。为指导措施项目费的正确计算，各省、市都制定了相应的项目名称和费用标准。计算方法见公式(3-29)。

措施项目的综合单价计算时，应根据拟建工程的施工组织设计或施工方案，详细分析其所含的工程内容再确定。措施项目不同，综合单价的组成内容就会有差异，应按招标文件或合同约定执行。招标人提供的措施项目清单是根据一般情况提出的，不能反映投标人的“个性”，投标人在报价时，应根据本企业的实际情况，调整措施项目的内容及报价。措施项目费分析表见表3－12。措施项目清单计价表中的序号、项目名称必须跟招标人提供的措施项目清单相对应。例如某综合楼通风空调安装工程的措施项目费分析表见表3－13，措施项目清单计价表见表3－14。

表3－12 措施项目费分析表

序号	措施项目名称	单位	数量	金额(元)					小计
				人工费	材料费	机械使用费	管理费	利润	

表3－13 措施项目费分析表

工程名称：某综合楼通风空调安装工程　　　　第1页　共1页

序号	措施项目名称	单位	数量	金额(元)					小计
				人工费	材料费	机械使用费	管理费	利润	
1	临时设施	项	1	4000.00	6879.58	2300.00	1496.00	1100.00	15775.58
2	文明施工	项	1	2500.00	384.81		935.00	687.50	4507.31
3	脚手架搭拆	项	1	765.97	2297.81		286.24	210.64	3560.66
	合计								23843.55

表3－14 措施项目清单计价表

工程名称：某综合楼通风空调安装工程　　　　第1页　共1页

序号	项目名称	金额(元)
1	临时设施	15775.58
2	文明施工	4507.31
3	脚手架搭拆	3560.66
	合计	23843.55

4. 其他项目清单计价表

和其他项目清单计价表中的内容相对应，招标人部分的金额按招标人提出的数额填写；投标人部分的金额根据招标工程要求发生的费用填写。例如某综合楼通风空调安装工程的其他项目清单计价表见表3－15。

表 3-15 其他项目清单计价表

工程名称：某综合楼通风空调安装工程 第1页 共1页

序号	项目名称	金额(元)
1	招标人部分	
1.1	其他	
1.2	预留金	135000.00
	小计	135000.00
2	投标人部分	
2.1	总承包服务费	12221.86
2.2	零星工作项目费	26989.80
2.3	工程保险费	300.49
2.4	工程保修费	2253.65
2.5	赶工措施费	6009.74
	小计	47775.54
	合计	182775.54

其中零星工作项目计价表必须和招标人提供的零星工作项目表所包括的内容一致，是零星工作项目的人工、材料、机械三方面费用之和。例如某综合楼通风空调安装工程的零星工作项目计价表见表 3-16。

表 3-16 零星工作项目计价表

工程名称：某综合楼通风空调安装工程 第__页 共__页

序号	名称	计量单位	数量	金额(元)	
				综合单价	总价
1	人工				
1.1	钳、铆工	工日	20	55.00	1100.00
1.2	焊工	工日	20	65.00	1300.00
1.3	油漆工	工日	19	50.00	950.00
1.4	设备保管员	工日	90	60.00	5400.00
1.5	保安员	工日	90	40.00	3600.00
	小计				12350.00

续表 3 – 16

序号	名称	计量单位	数量	金额(元)	
				综合单价	总价
2	材料				
2.1	工字钢	吨	1.860	2917.00	5425.62
2.2	钢板 δ 为 8 ~ 10 mm	吨	0.350	2560.00	896.00
	小计				6321.62
3	机械				
3.1	电动卷扬机	台班	4	90.74	362.96
3.2	直流电焊机 20 kW	台班	12	114.01	1368.12
	小计				1731.08
	其他略				略
	合计				26989.80

5. 工程造价的计算

(1)工程量清单计价程序

根据计价规范的规定，工程量清单计价程序见表 3 – 17。

表 3 – 17 工程量清单计价程序

序号	名称	计算办法
1	分部分项工程费	Σ(分部分项清单工程量 × 综合单价)
2	措施项目费	按规定计算
3	其他项目费	按招标文件规定计算
4	规费	按规定计算
5	不含税工程造价	1 + 2 + 3 + 4
6	税金	按税务部门规定计算
7	含税工程造价	5 + 6

(2)单位工程费汇总表

以某综合楼通风空调安装工程的单位工程费为例，汇总表中的金额分别来自分部分项工程量清单计价表(表 3 – 11)、措施项目清单计价表(表 3 – 14)和其他项目清单计价表(表 3 – 15)的合计金额以及按规定计算的规费和税金，该单位工程费汇总表见表 3 – 18。

表 3－18 单位工程费汇总表

工程名称：某综合楼通风空调安装工程　　　　第1页　共1页

序号	项目名称	金额(元)
1	分部分项工程量清单计价合计	1239097.33
2	措施项目清单计价合计	23843.55
3	其他项目清单计价合计	182775.54
4	规费	60921.10
5	税金	52515.87
	合计	1559153.39

(3)单项工程费汇总表

单项工程的造价是各个单位工程造价的总和，来自表 3－18 以及其他单位工程造价总和。其金额按单位工程费汇总表的合计金额来填写，见表 3－19。

表 3－19 单项工程费汇总表

工程名称：某综合楼通风空调安装工程　　　　第1页　共1页

序号	单位工程名称	金额(元)
1	建筑工程	4839039.19
2	通风空调工程	1559153.39
3	给排水工程	109477.06
4	电气安装工程	400582.64
	合计	6908252.28

(4)工程项目投标总价

工程建设项目的总价是各个单项工程造价的总和，某综合楼通风空调安装工程项目总价表见表 3－20。

表 3－20 工程项目总价表

工程名称：某综合楼通风空调安装工程　　　　第1页　共1页

序号	单项工程名称	金额(元)
1	某综合楼工程	6908252.28
	合计	6908252.28

投标总价有的按各单位工程金额填写，有的则按工程项目总价表合计金额填写，如图 3－5 所示为本实例中工程项目的一个单位工程投标总价。

投标总价

建设单位：某投资公司

工程名称：某综合楼通风空调安装工程

投标总价(小写)：1559153.39

(大写)：壹佰伍拾伍万玖仟壹佰伍拾叁元叁角玖分

投 标 人：(略) (单位签字盖章)

法定代表人：(略) (签字盖章)

编制时间：(略)

图 3－5 投标总价表

6. 主要材料价格表

投标人提供的主要材料价格表和招标人提供的主要材料价格表(见表 3－8)要一一对应，投标人填写的材料单价必须与工程量清单计价中采用的相应材料单价保持一致。主要材料价格表见表 3－21。

表 3－21 主要材料价格表

工程名称：某综合楼通风空调安装工程　　第__页 共__页

序号	材料编码	材料名称	规格型号等特殊要求	单位	单价(元)
1	TC1000002	防火阀	800 mm×400 mm	个	1680.00
2	TC1000004	自动排烟防火调节阀	800 mm×400 mm，280℃	个	1880.00
3	TC1000033	单层排风百叶	600 mm×300 mm	个	148.00
4	TC1000036	防雨百叶风口	1500 mm×1000 mm	个	610.00
5	Z150101	镀锌钢管	DN100	m	60.00
以下略					

3.2.5 工程量清单计价与定额计价的异同

建设工程定额计价是我国长期以来在工程中采用的计价模式，是国家通过颁布统一的估价指标、概算指标、概算定额、预算定额和相应的费用定额，对建设产品价格进行有计划管理的一种方式。在计价中，其以定额为依据，按定额规定的分部分项子目，逐项计算工程量，套用定额(或单位估价表)单价确定直接工程费，然后按规定取费标准确定构成工程价格的其他费用和利税，从而获得建筑安装工程造价。工程量清单计价方法，则是在建设工程招投标中，按照国家统一的《工程量清单计价规范》，由招标人或委托具有资质的中介机构编制的反映工程实体消耗和措施消耗的工程量清单，并作为招标文件的一部分提供给投标人，并由投标人依据工程量清单，根据各种渠道所获得的工程造价信息和经验数据，结合企业定额自主报价的计价方式。

清单计价在我国需要有一个适应和完善的过程。目前我国建设工程造价实行“双轨制”计价办法，即定额计价方法和工程量清单计价方法并行。工程量清单计价作为一种市场价格的形成机制，主要是在工程招投标和结算阶段使用。工程量清单计价与定额计价的对比情况见表3－22。

表3－22　工程量清单计价与定额计价的对比

序号	内容	计价方式	
		定额计价	工程量清单计价
1	项目设置	综合定额的项目一般是按照施工工序、工艺进行设置的，定额项目所包括的工程其内容一般是单一的	工程量清单项目的设置是以一个“综合实体”考虑的，“综合项目”一般包括多个子目工程内容
2	定价原则	按工程造价管理机构发布的有关规定及定额中的基价计价	按照清单的要求，企业自主报价，反映的是市场决定价格原则
3	计价价款构成	包括分部分项工程费、利润、措施项目费、其他项目费、规费和税金。其中分部分项工程费中的子目基价是指为完成综合定额分部分项工程项目所需的人工费、材料费、机械费、管理费。子目基价是综合定额价，反映了社会平均水平，却没有反应企业的真正水平，也没有考虑风险因素	是指完成招标文件规定的工程量清单项目所需的全部费用。包括：分部分项工程费、措施项目费、规费和税金；完成每分部分项工程所含的全部工程内容的费用；完成每项工程内容所需的全部费用(规费和税金除外)；工程量清单中没有体现的，施工中又必须发生的工程内容所需的费用；考虑风险因素而增加的费用
4	单价构成	采用定额子目基价。它只包括定额编制时期的人工费、材料费、机械费、管理费，并不包括利润和各种风险因素带来的影响	采用综合单价。它包括人工费、材料费、机械费、管理费和利润，且各项费用均由投标人根据企业自身情况并考虑各种风险因素而自行编制
5	价差调整	按工程承发包双方约定的价格与定额价的对比来调整价差	按工程承发包双方约定的价格直接计算，除招标文件规定外，不存在价差调整的问题
6	计价过程	招标方只负责编写招标文件，不设置工程项目内容，也不计算工程量。工程计价的子目和相应的工程量由投标方根据设计文件确定	招标方设置清单项目并计算工程量清单，清单项目的特征和包括的工程内容必须清晰、完整地告诉投标人，投标方拿到工程量清单后根据清单报价

续表 3-22

序号	内容	计价方式	
		定额计价	工程量清单计价
7	人工、材料、机械消耗量	按综合定额标准计算，综合定额标准是按社会平均水平编制的	由投标人根据企业的自身情况或企业定额自定，真正反映企业自身的水平
8	工程量计算规则	定额工程量计算规则	工程量清单计算规则
9	计价方法	根据施工工序计价，将相同施工工序的工程量相加汇总，选套定额，计算出一个子项的定额分部分项工程费，每一个项目独立计价	按一个综合实体计价，子项目随主体项目计价，由于主体项目与组合项目是不同的施工工序，一般要计算多个子项才能完成一个清单项目的分部分项工程综合单价，每一个项目组合计价
10	价格表现形式	只表示工程总价，分部分项工程费不具有单独存在的意义	主要为分部分项工程综合单价，其是投标、评标、结算的依据，单价一般不调整
11	适用范围	编审标底，设计概算，工程造价鉴定	全部使用国有资金投资或国有资金投资为主的大中型建设工程和需招标的小型工程
12	工程风险	工程量由投标人计算和确定，价差一般可调整，投标人一般只承担工程量计算风险，不承担材料价格风险	招标人计算工程量，编制工程量清单，承担差量的风险。由于单价通常不调整，投标人报价应考虑多种因素，投标人要承担组成价格的全部因素风险
13	结算方式	预算价（或合同价）+签证	综合单价×工程量
14	国际接轨	不符合国际惯例	符合国际惯例

3.3 投标报价的编制方法

投标报价，是指在我国现阶段施行的工程量清单计价招投标中，投标人响应招标文件的要求所报出的对已标价工程量清单汇总后标明的投标工程总价，简称投标价。它是投标人根据招标文件的要求和工程特点，并结合投标单位的施工技术、装备和管理水平，依据相关的计价规定，对工程量清单自主进行工程造价计算并汇总后的总价。

1. 投标报价的编制原则

投标报价是投标的关键性工作，报价是否合理，不仅直接关系到投标的中标与否，还关系到中标后企业的盈亏。现行计价规范中对投标报价的编制有相关规定要求和原则。

①投标报价的编制人应是投标人或者是其委托的具有相应资质的工程造价咨询人。

②投标报价应是投标人根据现行的计价规范要求自主编制的。

③投标报价不得低于工程成本，高于招标控制价的应予以废标。

④投标人必须按照招标工程量清单填报价格，项目编码、项目名称、项目特征、计量单位、工程量等必须与招标人提供的保持一致。

⑤综合单价中应包括招标文件中划分的由投标人承担的风险范围及其费用，同时提醒招标人明确招标文件中所没有明确的。

⑥投标报价的总价应当与分部分项工程费、措施项目费、其他项目费、规费、税金的合计金额一致。

2. 投标报价的编制依据

①《建设工程工程量清单计价规范》(GB 50500—2013)及其配套的相关专业工程的工程量计算规费。

②现行的各种工程计价、计量定额。包括原建设部发布的工程基础定额、消耗量定额、预算定额，以及各省、自治区、直辖市或行业建设主管部门发布的工程计价定额和计价办法。

③建设工程的设计文件以及与建设项目相关的国家或行业技术标准、规范、规程等资料。

④工程项目特点和施工现场情况，以及拟定投标的施工组织设计或施工方案。

⑤施工企业自主编制的企业定额和综合单价。

⑥招标文件、招标工程量清单以及补充通知和答疑纪要。

⑦市场价格信息或工程造价管理机构发布的工程造价信息。

⑧其他相关的资料等。

3. 投标报价的编制方法

投标报价的编制方法是根据招标文件中规定的方法来进行的。

①进行编制准备：研究招标文件、收集各类资料等。

②确定分部分项工程、措施项目的清单项目及其工程量：计算与复核。针对工程量清单计价，在编制投标报价之前，需要对清单工程量进行复核。工程量清单中的各分部分项工程量不一定十分准确，如果设计深度不够，可能会有较大的出入。而工程量的多少，对施工企业选择施工方案、进行施工组织设计会有重要的影响，从而会影响到各分部分项工程的综合单价，进而影响总价，因此投标单位一定要对招标工程量进行复核并研究分部分项工程量清单中的项目特征描述。

③计算分部分项工程费和措施项目费：根据投标策略和自身实力，以企业自主编制的综合单价和工程量来计算。

④计算其他项目费：其中的暂列金额、暂估价按招标工程量清单中的所列金额确定，不得变动和更改。计日工即零星工作等费用按招标工程量清单中列出的项目和数量，自主确定综合单价后计算。

⑤计算规费和税金：按照国家或省级、行业建设主管部门的规定计算，不得作为竞争性费用。

⑥汇总计算投标报价：分部分项工程费、措施项目费、其他项目费、规费和税金汇总即为投标报价。投标报价时不能进行投标总价优惠，任何优惠均应该反映在相应清单项目的综合单价中。

4. 投标报价的编制程序

投标报价是投标单位给投标工程制订价格的活动。目前，投标的报价通常是按施工图预算或工程量清单计价的方法计算的，但不能像编制施工图预算那样，套用政府制定的统一定额、单价和取费标准，而要以企业的工程成本为依据，测算各项费用开支水平，并根据市场的竞争情况，在施工图预算的基础上浮动。一般工程投标报价编制的程序见图3－6。

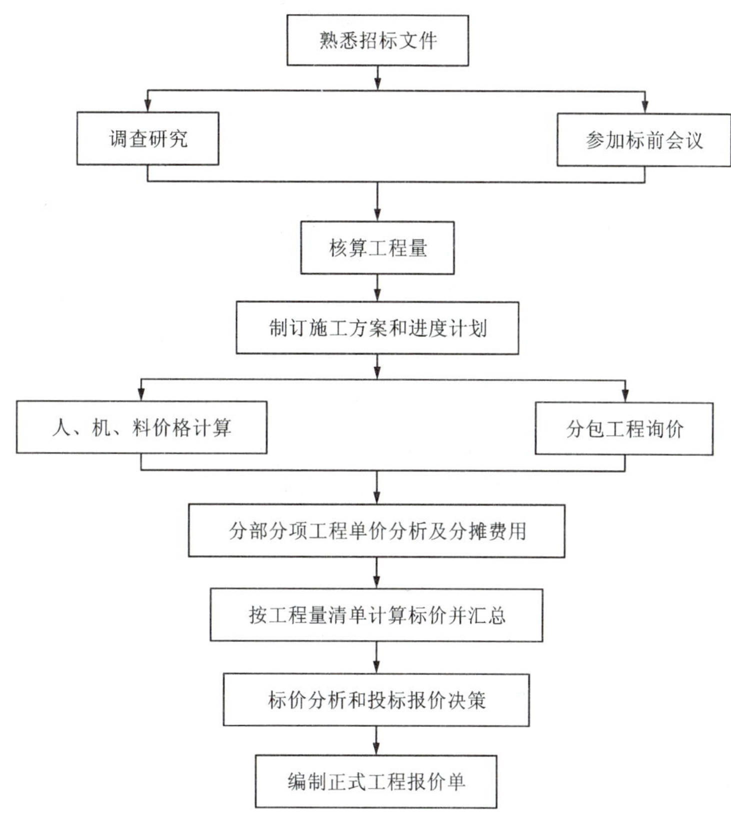

图3－6 工程投标报价编制程序

复习思考题

1. 简述按费用构成要素划分的建设安装工程费用项目组成及计价。
2. 简述按造价形式划分的建设安装工程费用项目组成及计价。
3. 简述工程量清单计价规范的编制依据和原则。
4. 简述工程量清单计价的内容和程序。
5. 简述工程量清单计价和定额计价的区别和联系。
6. 简述投标报价的编制方法。

第 4 章　建设安装工程概预算的编制

建设安装工程建设作为项目建设的一部分，是一种多行业与多部门密切配合的、综合性比较强的经济活动，其涉及面广、环节多，因此也必须遵循一定的建设程序。由于工程造价管理对象的不重复性、市场条件的不确定性、施工企业的竞争性以及工程项目实施的复杂性等，使得工程造价在整个项目建设的各个阶段均不确定。因此必须针对各个建设程序的特点对工程造价进行有效控制和合理确定。建设设备安装工程是建设工程的一个重要组成部分，设备费用的所占比例越来越高，在交工验收后的作用也举足轻重，因此建筑设备安装工程造价管理尤为重要。

不同工程建设阶段的工程造价名称不一样，编制的依据和内容方法也有所区别。投资决策阶段是建设单位向国家或主管部门申请基本建设投资时，为了确定建设项目投资总额而编制的经济文件，是计划控制造价。在决策基础上工程项目建设的关键是实施环节，实施时期的工程造价形式主要包括设计概算、施工图预算、工程结算和竣工决算等。

概算是设计文件的重要组成部分。建设单位在报批设计文件的同时，必须报批设计概算。有条件的设计单位要编制施工图预算，施工单位也要编制施工图预算来做投标。建设单位以审查施工图预算为主，一般不单独编制施工图预算。

概预算文件一般包括单位工程概（预）算书、综合概（预）算书和建设项目总概（预）算书等。

4.1　建设安装工程设计概算

4.1.1　设计概算概述

设计概算也称为工程概算，是指在初步设计或扩大初步设计阶段，由设计单位根据初步设计图纸、概算定额或概算指标，设备概算价格，各项费用定额或取费标准，建设地区的自然、技术经济条件等资料，预先计算建设项目由筹建至竣工验收、交付使用的全部建设费用的经济文件。由于设计阶段是控制工程造价的最关键阶段，所以这一阶段的设计概算在工程造价管理中起着重要的作用。经批准的设计概算即为拟建项目工程造价的最高限额。投资计划安排、银行贷款拨款、施工图设计及预算、竣工结算等都不能突破这一限额。

设计概算是确定建设项目总造价、编制固定资产投资计划以及签订建设项目总合同和贷款总合同的依据，也是控制基本建设拨款和施工图预算以及考核设计合理性的依据。

4.1.2 设计概算的分类及其作用

1. 设计概算的分类

设计概算可分为单位工程概算、单项工程综合概算和建设项目总概算三类，也称为三个层级，各单位工程的设计概算汇总构成了单项工程综合概算，各单项工程的设计概算汇总构成了建设项目总概算，如图4-1所示，建设项目总概算是确定整个建设项目从筹建到竣工验收、交付使用所需的全部费用的文件。单项工程综合概算是确定一个单项工程所需的建设费用的文件，是由单项工程中的各单位工程概算汇总编制而成的，如图4-2所示。

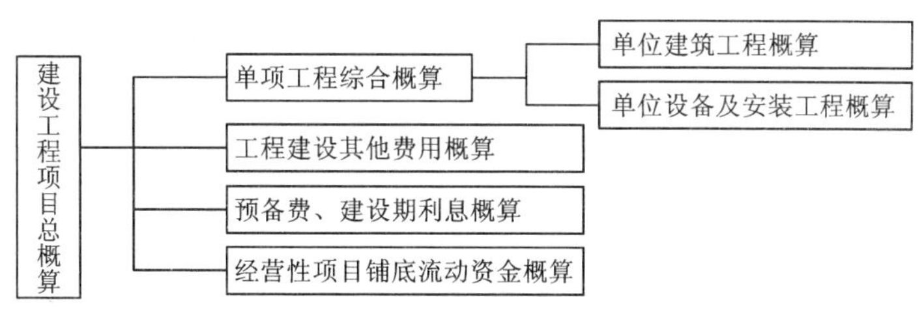

图4-1 设计概算的三个层级

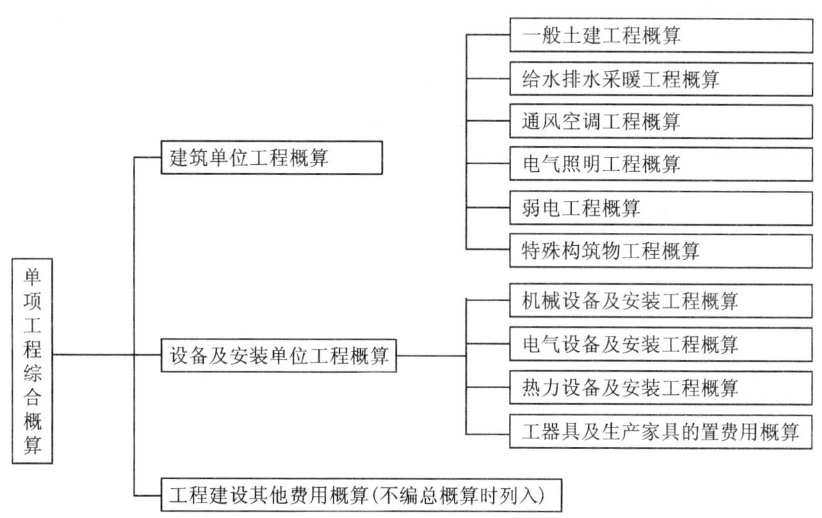

图4-2 单项工程综合概算的组成

2. 设计概算的作用

设计概算的作用有：

①设计概算是国家确定和控制建设项目总投资的依据。未经规定的程序批准，不能突破总概算这一限额。

②设计概算是编制基本建设计划的依据。每个建设项目，只有当初步设计和概算文件被

批准后，才能列入基本建设计划。

③设计概算是建设项目进行设计概算、施工图预算和竣工决算——“三算”对比的基础。

④设计概算是实行投资包干和招标承包制的依据，也是建设银行办理工程拨款、贷款和结算，以及实行财政监督的重要依据。

⑤设计概算是考核设计方案的经济合理性和选择最优设计方案的重要依据。利用设计概算对设计方案进行经济性比较，是提高设计质量的重要手段之一。

在初步设计阶段，设计单位根据初步设计规定的总体布置及单项工程的主要建筑结构和设备清单来编制的项目总概算，是投资估算的进一步具体化、准确化。

4.1.3 设计概算的编制原则和依据

1. 编制原则

设计概算的编制原则有：

①要严格执行国家的建设方针和经济政策的原则。

②要完整、准确地反映设计内容的原则。

③要坚持结合拟建工程的实际，反应工程所在地的当时价格水平的原则。

2. 编制依据

设计概算的编制依据有：

①国家、行业和地方政府有关建设和造价管理的法律、法规和规定。

②经批准的建设项目的设计任务书(或批准的可行性研究文件)和主管部门的有关规定。

③能满足编制设计概算的各专业设计图纸、文字说明和主要设备表，即初步设计项目一览表等。

④对应设计图纸的正常施工组织设计。

⑤当地和主管部门的现行建筑工程和专业安装工程的概算定额(或预算定额、综合预算定额)、单位估价表、材料及构配件预算价格、工程费用定额和有关费用规定的文件等资料。

⑥现行有关的设备原价及运杂费率，现行的有关其他费用定额、指标和价格，以及工程建设的资金筹措方式和有关合同、协议等其他资料。

⑦类似工程的概、预算及技术经济指标，建设单位提供的有关工程造价的其他资料。

⑧建设场地的自然条件和施工条件。

4.1.4 设计概算的编制内容及方法

设计概算的编制取决于设计深度、资料完备程度和对概算精确程度的要求。当设计资料不足，只能提供建设地点、建设规模、单项工程组成、工艺流程和主要设备选型以及建筑、结构方案等概略依据时，可以将类似工程的预算或决算作为基础，经分析、研究和调整系数后进行编制；如没有类似工程的资料，则采用概算指标来编制；当设计能提供详细设备清单、管道走向线路简图、建筑和结构型式以及施工技术要求等资料时，则按概算定额和费用指标进行编制。

1. 类似工程预算法

即利用技术条件与设计对象相类似的已完工程或在建工程的工程造价资料来编制拟建工程的设计概算方法。建筑设备及安装单位工程概算的编制包括设备本身的购置费以及设备安装费。

(1)设备购置费概算编制

设备购置费是指建设项目购置或者自制的达到固定资产标准的各种国产或进口设备、工具、器具的购置费用，还包括虽低于固定资产标准但属于明确列入设备清单的设备购置费用。包括一切需要安装与不需要安装的设备的购买原价和设备运杂费，如各类生产、动力、电信、起重、医疗、实验等设备购置所支出的费用。设备购置费 = 设备原价 + 设备运杂费。国产设备原价一般指的是设备制造厂的交货价或订货合同价。对于进口设备的价格，在国际贸易中，较为广泛使用的是离岸价格和到岸价格。离岸价格是指当货物在指定的装运港越过船舷时，卖方即完成交货义务。进口设备的到岸价格 = 离岸价格 + 国际运费 + 运输保险费 + 外贸手续费 + 关税 + 增值税 + 海关手续费。

设备运杂费主要由运费和装卸费、包装费、设备供销部门手续费、采购与保管费组成。对进口设备而言，运费和装卸费是自我国到岸港口或边境车站起至工地仓库(或施工组织设计指定的需安装设备的堆放地点)止所发生的运费和装卸费。

(2)设备安装工程费概算编制

①预算单价法：当初步设计较深，且有详细的设备清单时，可直接按安装工程预算定额单价来编制安装工程概算，精确性较高。

②扩大单价法：当初步设计深度不够，设备清单不完备，只有主体设备或仅有成套设备重量时，可采用综合扩大安装单价来编制概算。

③设备价值百分比法：当初步设计深度不够，只有设备出厂价而无详细规格重量时，安装费可按占设备费的百分比计算[设备安装费 = 设备原价 × 安装费率(%)]。该方法常用于价格波动不大的定型产品和通用设备产品。

④综合吨位指标法：设备安装费 = 设备吨重 × 每吨设备安装费指标(元/吨)。

2. 概算指标法

当设计深度不够，不能准确地计算出工程量，而工程设计技术又比较成熟且有类似工程概算指标可以利用时，可采用概算指标法。

由于拟建工程(设计对象)往往与类似工程的概算指标的技术条件不尽相同，而且概算指标编制年份的设备、材料、人工等价格与拟建工程当时当地的价格也会不一样，因此，必须进行调整。

①设计对象的结构特征与概算指标有局部差异时的调整。

②设备、人工、材料、机械台班费用的调整。

3. 概算定额法

概算定额法的编制程序如下：

①列出单位工程中分项工程或扩大分项工程的项目名称，并计算其工程量。

②确定各分部分项工程项目的概算定额单价。

③计算分部分项的直接工程费，合计得到单位直接工程费总和。

④按照有关规定的标准计算措施费，合计得到单位工程直接费。

⑤按照一定的取费标准和计算基数计算间接费和税金。

⑥计算单位工程概算造价。

⑦计算单位建筑工程经济技术指标。

4.2 建设安装工程施工图预算

4.2.1 施工图预算概述

施工图预算是指在施工图设计阶段，设计全部完成并经过会审，且于单位工程开工之前，施工单位根据施工图纸、施工组织设计、预算定额、各项费用取费标准和建设地区的自然、技术经济条件等资料，预先计算和确定单项工程和单位工程全部建设费用的经济文件。这是从传统意义上讲的。现在来讲，只要是按照施工图纸以及计价所需的各种依据在工程实施前所计算的工程价格，都可以称为施工图预算价格。该施工图预算价格既可以是按照主管部门统一规定的预算单价、取费标准和计价程序计算得到的计划中的价格，也可以是根据企业自身的实力和市场供求以及竞争状况计算得到的价格。因此也形成了两种不同的计价模式：采用工料单价的传统定额计价模式和采用综合单价的工程量清单计价模式。

4.2.2 施工图预算的作用

施工图预算对建设单位、施工单位等方面各有作用，经批准工程能实行直接委托承包的，以建设单位、施工单位双方共同确认，相关部门审查通过的施工图预算，其主要作用是：

①施工图预算是在施工图设计阶段确定建筑安装工程预算造价的依据，是设计文件的组成部分。

②建设单位按照施工组织设计安排的施工顺序和工期以及各个部分的预算造价等配置建设资金计划，保证项目建设顺利进行，所以对建设单位而言，施工图预算是施工期间安排建设资金计划和使用建设资金的依据。

③施工图预算是控制工程造价及资金合理使用的依据，也是签订工程承包合同、确定招标标底、投标报价的依据。施工单位需要根据施工图预算，并结合企业的投标策略，在竞争激烈的建筑市场确定投标报价。

④施工图预算是施工单位进行施工准备的依据，是施工企业加强经营管理，搞好经济核算，实行对施工预算和施工图预算的“两算对比”的基础，也是施工企业控制施工成本的依据。

⑤施工图预算是进行工程进度价款拨付和工程竣工结算的依据。

⑥对造价管理部门来讲，施工图预算是监督检查执行定额标准、合理确定工程造价、测算造价指数和审定招标工程标底的重要依据。

施工图预算被投资估算和设计概算的限额所控制。同时施工图预算又控制着工程承包合同价款和竣工结算价款。不论是对建设方的投资控制，还是对企业的施工管理和其他相关造价管理，施工图预算都起着承上启下的重要作用。

4.2.3 施工图预算的编制依据

施工图预算的编制依据有：

①主管部门颁布的当地现行的工程建设和造价管理的法律、法规等，包括具体的预算定额和单位估价表以及当地当时的人工、材料、设备预算价格和调价规定，以及该地区的建筑工程费用计算规则和各项取费标准。单位基价表也是地区基价表，是预算定额在该地区的具体表现形式，也是该地区编制工程预算直接的基础资料。

②工程地质勘查资料和现场情况以及经过批准的施工设计图纸、文字说明、标准图集等资料。

③各单位工程经批准的施工组织设计或施工方案，对工程施工方法、施工机械选择、材料构件的加工和堆放地点都有明确的规定，这些都会直接影响工程量的计算和定额单价的选套。

④批准的初步设计和设计概算以及招标文件和工程承包合同或协议书中的相关内容。

4.2.4 施工图预算的编制方法

施工图预算的编制方法目前有综合单价法和工料单价法两种。综合单价法是适应市场经济条件下的计价模式，包括清单综合单价和全费用综合单价。工料单价是传统的定额计价模式，分为预算单价法和实物法两种。

1. 综合单价法

综合单价法是指分项工程单价综合了直接工程费及以外的多项费用。其中全费用综合单价中综合了分项工程人工费、材料费、机械费、施工机械使用费、管理费、利润、规费以及有关文件规定的调价、税金和一定范围内的风险等全部费用。以各分项工程量乘以全费用单价得到计价，再汇总之后加上措施项目的费用，就形成了单位工程施工图预算的价格。

而其中的清单综合单价则综合了分部分项工程人工费、材料费、施工机械使用费、企业管理费、利润，并考虑了一定范围的风险费用，但不包括措施费、规费和税金。以各分部分项工程量乘以该综合单价得到合价，再汇总之后加上措施费、规费和税金，就形成了单位工程施工图预算的价格。

2. 工料单价法

工料单价法是指分部分项工程的单价为直接工程费单价，以分部分项工程量乘以对应分部分项工程单价后的合计为单位直接工程费，直接工程费汇总后另加措施费、间接费、利润、税金生成施工图预算造价。按照分部分项工程单价产生方法的不同，工料单价法可以分为预算单价法和实物法。

预算单价法就是采用地区单位基价表中的各分项工程工料预算单价(基价)乘以相应的各分项工程的工程量，求和后得到包括人工费、材料费和施工机械使用费在内的单位工程直接工程费，然后根据统一规定的费率乘以相应的计费基数得到措施费、间接费、利润和税金，将上述费用汇总后得到该单位工程的施工图预算造价。

实物法就是根据施工图计算的各分项工程量分别乘以地区定额中的人工、材料、施工机械台班的定额消耗量，再分类汇总得出该单位工程所需的全部人工、材料、施工机械台班消耗数量，然后再乘以当时当地的人工工日单价、各种材料单价、施工机械台班单价，求出相应的人工费、材料费、机械使用费，再加上措施费，就可以求出该工程的直接费。间接费、利润及税金等费用的计取方法与预算单价法相同。最后汇总得到该单位工程的施工图预算造价。

4.2.5 施工图预算的编制程序

施工图预算的编制程序如下：

①收集各种编制依据及基础资料：包括施工图纸、施工组织设计、现行预算定额、费用定额、预算手册和相关的价格信息等。

②熟悉定额和施工图纸：定额是编制施工图预算的基础资料和重要依据，必须要熟练掌握预算定额的内容、形式和使用方法，才能正确应用。只有对施工图纸有全面详细的了解，并充分了解施工组织设计和施工方案、施工设备材料的供应情况等，才能全面分析各分部分项工程并准确地计算出工程量。

③全面了解施工现场情况，包括地质勘查报告等，这些对施工现场的平面布置、空间布置、临时设施、道路、管线敷设的费用都有较大影响。

④以预算定额分项工程所包括的工作内容为标准，对实际工程施工全过程的所有工序或工作过程进行划项，确定列出分项工程的项目名称，运用定额工程量计算规则规定的计算方法，对列出的分项工程项目计算其工程量。

⑤在工程量审查无误的基础上，执行预算定额，套用单位基价表。分项工程的名称、规格、计量单位必须与预算定额的工料单价或单位基价表中所列的内容完全一致，以防重套、漏套或错套工料单价而产生偏差。若分项工程不能直接套用定额、不能换算和调整，应编制补充单位计价表。按照单位工程施工图预算直接费计算公式求得单位工程人工费、材料费和机械使用费之和，编制预算表。

⑥进行工、料、机分析及汇总。根据各分项工程的工程量乘以相应定额项目中所列的工、料、机用量，计算出各分项工程所需的人工、机械用量和材料数量，相加汇总便能得出该单位工程所需的各类人工、材料和机械用量。

⑦进行价差动态调整，当单位工程预算价格中使用的人工费标准、材料预算价格、机械台班单价与市场价格有差异时，应按照规定进行价差调整。

⑧套取费用定额，计算其他各项费用，汇总得出工程造价。

⑨撰写编制说明，让相关单位了解本施工图预算的编制依据、施工方法、材料价差以及其他的一些情况。然后填写施工图预算书封面，包括工程编号、工程名称、建设单位、建筑面积、结构类型、预算总造价、单方造价、预算编制单位、单位法人、编制人及编制时间、预算审核单位、单位法人、审核人及审核时间等。最后装订成册签章。

4.3 建设安装工程结算

4.3.1 建设安装工程结算的定义和作用

工程结算是建筑安装施工企业在完成一个单项工程、单位工程、分部工程或分项工程的任务过程中，由于材料及设备的采购、劳务供应等经济活动所引起的与建设单位之间所发生的按合同及工程造价有关规定的货币收付现象。它是由施工企业在原预算造价的基础上进行调整修正，并重新确定工程造价的技术经济文件。

建设项目或单位工程在施工过程中以及施工完毕后，施工单位要根据工程预算和工程合同的规定向建设单位办理工程价款结算。它是工程价款支付的重要经济依据。在价款计算、支付方式、支付节奏等方面一般以工程合同为准则，应结合实际施工情况，正确合理及时地办理。工程结算的及时办理，能使施工单位降低经营成本，并提高资金使用的有效性。累计已结算的工程价款与合同总价的比例能近似地反映工程的施工进度，有利于建设单位对工程造价进行管理。

4.3.2 建设安装工程结算的方式

根据不同工程的规模、性质、承包方式、流动资金占有情况、进度和工期，以及合同的约定情况，分别采取不同的结算方式，目前一般采用以下几种方式。

1. 定期结算(按月结算)

为了使施工单位在施工过程中消耗的资金及时得到补偿，应及时反映工程进度和施工单位的成果，并根据月完成的工程量和预算单价、取费标准等计算出工程价款，向建设单位办理当月已完工程的结算手续。即分旬或月中预支，月末结算。每月结算一次。

2. 分段结算

对工程规模较大、工期较长的单项或单位工程，除了按月结算以外，也可以按工程形象进度(施工段落)来划分不同阶段，进行分段预支和结算。具体的做法有以下两种。

①按施工段落预支，按施工段落结算。分段的划分标准，由各部门、自治区、直辖市等自行规定。完成工程合同规定的形象进度，就办理该段落的结算，同时办理下一施工段落的预支，直到工程全部完工。

②按段落分次预支，竣工后一次结算。对工程规模不大，工期在12个月以内，投资额较小的工程，可以按施工段落预支工程价款，并在竣工验收后一次结算。预支的方式、时间和比例由工程合同决定。

3. 目标结算

通过合同约定，将工程内容分为不同的验收单元，建设方不提供预支款项。当施工单位完成单元工程内容，并经建设方(或其委托人)验收后，办理该单元工程内容的价款结算。这种结算方式会使施工企业的垫资压力较大，却是运用合同手段、财务手段来保证工程进度和质量的主动控制。

4. 竣工结算

建筑设备安装竣工验收后，施工单位按合同规定办理整个工程的最终结算，以原施工图预算为基础。综合工程实际更改、变动，编制竣工工程结算书，是施工企业确定工程收入和核算工程成本的依据，也是业主和承包方最终成交的工程产品价格。

4.3.3 建设安装工程结算的价款计算与支付

1. 工程预付款的计算和支付

对于包工包料的工程，在合同签订后或工程开工前，建设方应按约定拨给承包方一定额度的工程预付款作为备料款和周转金。同时还应约定工程预付款的时间和数额，在工程完成一定程度后再按约定的时间和比例逐次扣回。

(1)备料款预付的数额。

工程备料款预付的数额主要取决于主要材料(包括外购构件)占工程造价的比重、材料储备期和施工工期等因素。施工方预收的备料款数额可按下列公式计算：

$$\text{备料款数额} = \text{年度承包工程总造价} \times \text{主要材料比重} \times \frac{\text{材料储备天数}}{\text{年度施工日历天数}} \tag{4-1}$$

式(4-1)中的材料储备天数根据施工当地的材料供应情况确定。

$$\text{备料款额度} = \frac{\text{备料款数额}}{\text{工程总造价}} \times 100\% \tag{4-2}$$

设备安装工程的备料款额度按年安装工作量的20%拨付，材料设备比重较多的则按25%拨付。

实际工程中，备料款额度会受工程类型、合同、工期、承包方式等因素的影响。

(2)备料款的扣回

预付备料款属于预支。工程进行到一定程度后，随着主要材料储备的逐渐减少，应以抵充工程款价的方式陆续扣回给建设方。

一般认为施工工程所需的主要材料和构件的价值相当于备料款数额时为起扣点。从每次结算价款中按材料比重扣抵工程价款。竣工前全部扣清。

$$\text{起扣点累计完成的工作量金额} = \text{承包工程总造价} - \frac{\text{预付备料款数额}}{\text{主要材料所占比重}} \tag{4-3}$$

实际工程中，有些工期较短，备料款就不分期扣回。有些工期较长(跨年度施工)，则可以不扣或少扣，并在次年按应预付备料款调整，应根据具体情况来实施。

2. 工程进度款的计算和支付

施工过程中，按月(或形象进度，或验收单元)计算完成的工程数量的费用，向建设方办理工程进度款的支付，一般是由施工方做出统计进度的月报表(或其他反映进度的报表)，经监理工程师核实确认后，再经建设方审批，就可以按预定的程序和时间支付工程进度款了。同时，按事先的约定扣回预付备料款。

如果建设方没有按合同约定的时间支付，双方也没达成延期付款协议，导致施工不能正常进行，承包方可以停止施工。由此造成的违约责任由建设方承担。施工合同中关于工程进度款的支付有更细致的约定。

3. 工程保修金的计算和支付

建设产品在竣工验收后仍有可能存在质量缺陷和隐患，在使用过程中才会逐步暴露出来。例如设备安装工程中的采暖系统和制冷系统可能供热和制冷温度达不到设计要求，需要在使用过程中进行检测和再次调试维修。承包方应按照国家或行业现行的相关技术标准、设计文件、合同中对质量的要求等对已竣工验收的工程进行维修保养工作。根据《建设工程质量管理条例》规定，承包方在提交工程竣工验收报告时，应出具质量保修书，质量保修书中应明确保修范围、保修期限和保修责任。

为了促使承包方在规定时间内对工程质量进行保修，在工程竣工验收后办理价款结算时，一般都会预留一部分尾款作为质量保修费用。保修期过后，若符合合同要求，再最后拨付。例如供热与制冷系统的保修期限分别为两个采暖期和供冷期。保修金的扣留比例由双方协商通过合同约定，我国建筑安装工程一般按工程造价的3% ~5%来扣留保修金作为保修费用。在工程保修期限和保修范围内所发生的维修、返工费用，按造成问题的原因和返修内容，根据国家有关规定以及合同文件等来商量处理办法，如果是由于承包方原因造成的费用则由保修金来支出。

2016年12月27日开始实施的《建设工程质量保证金管理办法》规定：缺陷责任期一般为1年，最长不超过2年，由发、承包双方在合同中约定。发包人应按照合同约定方式预留保证金，保证金总预留比例不得高于工程价款结算总额的5%。合同约定由承包人以银行保函形式替代预留保证金的，保函金额不得高于工程价款结算总额的5%。在工程项目竣工前，已经缴纳履约保证金的，发包人不得同时预留工程质量保证金。采用工程质量保证担保、工程质量保险等其他保证方式的，发包人不得再预留保证金。

4.3.4 建设安装工程竣工结算

竣工结算是指承包人按照合同规定的内容全部完成所承包的工程，经验收质量合格并符合合同要求之后，向发包人进行的最终工程价款结算。竣工结算完成后，标志着甲乙双方所承担的合同义务和经济责任的结束。《建设工程施工合同》的通用条款中对竣工结算的办理有以下规定：

①工程竣工验收报告经发包人认可后在28天内，承包人向发包人递交竣工结算报告及完整的结算资料，双方按照协议书约定的合同价款及专用条款约定的合同价款调整内容，进行工程竣工结算。

②发包人收到承包人递交的竣工结算报告及结算资料后，应在28天之内进行核实，并给予确认或者提出修改意见。

③竣工结算报表经专业造价师审核，总造价师审定后，与发包人、承包人协商一致，就可以签发竣工结算文件和最终的工程款。发包人通知经办银行向承包人支付竣工结算价款，承包人收到竣工结算价款后的14天内将竣工工程交付给发包人。

④发包人收到竣工结算报告及结算资料后28天内无正当理由不支付竣工结算价款的，从第29天起按承包人同期向银行贷款利率支付拖欠工程价款的利息，并承担违约责任。

⑤发包人收到竣工结算报告及结算资料后28天内无正当理由不支付工程竣工结算价款的，承包人可以催告发包人支付结算价款。发包人在收到竣工结算报告及结算资料后56天内仍不支付的，承包人可以与发包人协议将工程折价，也可以由承包人申请法院将该工程依法拍卖，承包人就工程折价或拍卖的价款优先受偿。

⑥工程竣工验收报告经发包人认可后的28天内，承包人未能向发包人递交竣工结算报

告及完整的结算资料，从而造成工程竣工结算不能正常进行，或竣工结算价款不能及时拨付时，发包人要求交付工程的，承包人应当交付，发包人不要求交付工程的，承包人承担保管责任。

在实际结算工作中，对当年开工，当年竣工的工程，只需办理一次性结算，而对于跨年度的工程，每年年终办理年终结算、竣工结算等于各年度结算的总和。

4.3.5 工程结算的价款计算实例

[例4-1] 某工程项目，安装工程承包合同总额为700万元，合同约定预付备料款额度为25%，主要材料和设备金额占合同总额的70%，保修金为合同总额的5%。预付款开始扣回的时间是当未施工工程需要的主要材料和设备的价值相当于预付款数额时，从每次中间结算的工程价款中，按材料及设备的比重抵扣工程价款。实际施工中每月完成的合同价值见表4-1，试计算预付备料款，月结算工程款，保修金的数额和竣工结算价款。

表4-1 各月完成的合同价值 （单位：万元）

月份	3月	4月	5月	6月	7月
完成合同价值	80	100	180	200	140

解：①预付备料款：700×25% =175(万元)

②计算预付备料款起扣点，算出何时开始扣回备料款，才能正确计算出每月应支付的工程进度款。按公式(4-3)：

开始扣回预付备料款的合同价值=700-175/70% =700-250=450(万元)

当累计完成合同价值450万元后，开始扣回预付备料款。

③3月份结算款，完成合同价值80万元，结算工程款80万元。

④4月份结算款，完成合同价值100万元，累计80+100=180(万元)，结算工程款100万元。

⑤5月份结算款，完成合同价值180万元，累计180+180=360(万元)，还未达到扣回备料款的起点，结算本月工程款180万元。

⑥6月份结算款，完成合同价值200万元，累计360+200=560(万元)，已达到扣回备料款的起扣点450万元，超出的560-450=110(万元)，应扣除其70%的材料款充抵工程进度款。

本月结算工程款为200-110×70% =123(万元)

累计结算工程款为483万元，已扣77万元。

⑦7月份结算款，完成合同价值140万元，应扣回预付备料款140×70% =98(万元)，同时由于7月是竣工月，最后一月支付进度款时，要扣出保修金，则预留保修金的数额为700×5% =35(万元)

本月结算工程款为140-98-35=7(万元)

⑧竣工结算价款：累计结算工程款为483+7=490(万元)，再加上预付备料款175万元，共结算665万元，预留合同总额的5%即35万元作保修金。

4.4 建设安装工程竣工决算

4.4.1 建设安装工程竣工决算的定义

基本建设项目竣工决算是指项目竣工后，由建设单位编制的反映建设成果和财务状况的总结性文件，综合反映竣工项目从筹建开始到项目竣工交付使用为止的全部建设费用。包括建筑工程费用、安装工程费用、设备工器具购置费用和工程建设其他费用以及预备费等。及时准确地编制竣工决算，对于考核建设成本、分析投资效果、积累建设技术经济资料等具有重要意义。

4.4.2 建设安装工程竣工决算的作用

建设安装工程竣工决算的作用有：

①竣工决算是反映建设项目实际造价和投资效果的综合文件，主要通过实物数量、货币指标、建设工期等主要技术经济指标来综合反映竣工项目的建设成果和财务状况。

②竣工决算能反映交付使用资产的全部价值，包括固定资产、流动资产、无形资产、递延资产等的价值。根据竣工决算及时办理新增固定资产移交转账手续，可以起到缩短建设周期、节约建设投资的作用。对已具备交付条件或已投产使用的项目，如果迟迟不办理移交手续，会导致既不能提取固定资产折旧，新发生的维修费用和生产职工工资等还要从基建投资中支付，从而使得建设投资扩大，建设周期延长。

③竣工决算是考核项目概算与基建计划执行情况和分析投资效果的重要依据。设计概算和施工图预算都是施工前估算拟建工程需要的费用，而竣工决算确定的费用则是工程实际支出的费用。通过各项费用的比较，分析节约或超支的原因，既反映了投资效果，又可以加强投资管理。

④通过竣工决算，可以全面了解和清理财务状况，做到工完账清，有利于及时总结建设经验，积累各种技术经济资料，探索和改进建设管理模式，提高建设投资效果。

4.4.3 建设安装工程竣工决算的内容

竣工决算的内容，按建设规模的不同而有所区别。大、中型项目的竣工决算应包括竣工工程概况表(也叫竣工财务决算说明书)、竣工财务决算报表、建设项目交付使用财务总表和财产明细、工程竣工图、工程竣工造价对比分析等。小型项目的竣工决算一般包括竣工财务决算总表和交付使用财务明细表等。

1. 竣工工程概况表(竣工财务决算说明书)

竣工工程概况表(竣工财务决算说明书)是对竣工决算报表进行分析和补充说明的文件，能反映竣工项目的建设成果和经验，是全面考核项目工程投资和造价的书面总结文件，其具体内容包括：

①工程总体评价。一般从工程的进度、质量、安全和造价等方面进行分析说明。进度方面说明开工、竣工时间，并按照合同要求工期和合理工期比较是提前还是延期。质量方面根

据竣工验收委员会或相当的质量监督部门的验收评定等级来说明合格率和优良率。安全方面根据劳动工资和施工部门的记录，说明有无设备和人身事故。造价方面则根据设计概况来对照分析，说明节约还是超支，并提出具体的金额和百分率。

②财务和技术经济指标的分析。说明资金的来源和占用情况，投资包干结余、竣工结余、资金上交分配情况，财产物资和债权债务清偿情况等。分析概算和实际投资完成额的差距，分析新增生产能力的效益。说明交付使用财产占总投资的比例，以及其中固定资产占交付使用财产的比例等。

③项目建设的经验教训，竣工决算中存在的问题和建议。

④其他需要说明的事项。

2. 竣工财务决算报表

竣工决算报表是指根据建设项目大小的不同而分别编制的财务决算表，如表 4 - 2 ~ 表 4 - 7 所示，所有项目的竣工决算都要填建设项目竣工财务决算审批表和交付使用资产明细表，对于大、中型建设项目还需增加竣工工程概况表、竣工财务决算表和交付使用资产总表，而对于小型建设项目，则只需增加竣工财务决算总表。

表 4 - 2 建设项目竣工财务决算审批表

建设项目法人 （建设单位）		建设性质	
建设项目名称		主管部门	

开户银行意见：

（盖章）
年 月 日

专员办审批意见：

（盖章）
年 月 日

主管部门或地方财政部门审批意见：

（盖章）
年 月 日

表4-3 建设项目交付使用资产明细表

单项工程项目名称	建筑工程			设备、工具、器具、家具					流动资产		无形资产		递延资产	
	结构	面积（m^2）	价值（元）	规格型号	单位	数量	价值（元）	设备安装费（元）	名称	价值（元）	名称	价值（元）	名称	价值（元）
合计														

表4-4 大、中型项目竣工工程概况表

<table>
<tr><td>建设项目（单项目工程）名称</td><td colspan="2"></td><td>建设地址</td><td colspan="6"></td><td rowspan="9">基建支出</td><td colspan="2">项目</td><td>概算</td><td>实际</td><td>主要指标</td></tr>
<tr><td>主要设计单位</td><td colspan="2"></td><td>主要施工企业</td><td colspan="6"></td><td colspan="2">建设安装工程</td><td></td><td></td><td></td></tr>
<tr><td rowspan="3">占地面积（m^2）</td><td>计划</td><td>实际</td><td rowspan="3">总投资（万元）</td><td colspan="3">设计</td><td colspan="3">实际</td><td colspan="2">设备、工具、器具</td><td></td><td></td><td></td></tr>
<tr><td rowspan="2"></td><td rowspan="2"></td><td colspan="2" rowspan="2">固定资产</td><td rowspan="2">流动资产</td><td colspan="2" rowspan="2">固定资产</td><td rowspan="2">流动资产</td><td colspan="2">待摊投资中：建设单位管理费</td><td></td><td></td><td></td></tr>
<tr><td colspan="2">其他投资</td><td></td><td></td><td></td></tr>
<tr><td rowspan="2">新增生产能力</td><td colspan="2">能力（效益）名称</td><td>设计</td><td colspan="6">实际</td><td colspan="2">待核销基建支出</td><td></td><td></td><td></td></tr>
<tr><td colspan="2"></td><td></td><td colspan="6"></td><td colspan="2">非经营项目转出投资</td><td></td><td></td><td></td></tr>
<tr><td rowspan="2">建设起止时间</td><td colspan="2">设计</td><td colspan="7">从 年 月开工至 年 月竣工</td><td colspan="2" rowspan="2">合计</td><td></td><td></td><td></td></tr>
<tr><td colspan="2">实际</td><td colspan="7">从 年 月开工至 年 月竣工</td><td></td><td></td><td></td></tr>
<tr><td rowspan="2">设计概算批准文号</td><td colspan="9" rowspan="2"></td><td rowspan="4">主要材料消耗</td><td>名称</td><td>单位</td><td>概算</td><td>实际</td><td></td></tr>
<tr><td>钢材</td><td>t</td><td></td><td></td><td></td></tr>
<tr><td rowspan="3">完成主要工程量</td><td colspan="2">建筑面积（m^2）</td><td colspan="7">设备（台、套、吨）</td><td>木材</td><td>m^3</td><td></td><td></td><td></td></tr>
<tr><td>设计</td><td>实际</td><td colspan="5">设计</td><td colspan="2">实际</td><td>水泥</td><td>t</td><td></td><td></td><td></td></tr>
<tr><td></td><td></td><td colspan="2"></td><td colspan="3"></td><td></td><td></td><td rowspan="3">主要技术经济指标</td><td></td><td></td><td></td><td></td><td></td></tr>
<tr><td rowspan="2">收尾工程</td><td colspan="2">工程内容</td><td colspan="5">投资额</td><td colspan="2">完成时间</td><td rowspan="2"></td><td rowspan="2"></td><td rowspan="2"></td><td rowspan="2"></td><td rowspan="2"></td></tr>
<tr><td colspan="2"></td><td colspan="5"></td><td colspan="2"></td></tr>
</table>

表 4－5 大、中型建设项目竣工财务决算表

资金来源	金额	资金占用	金额	补充资料
一、基建拨款		一、基本建设支出		1. 基建投资借款期末余额
1. 预算拨款		1. 交付使用资产		
2. 基建基金拨款		2. 在建工程		2. 应收生产单位投资借款期末余额
3. 进口设备转账拨款		3. 待核销基建支出		
4. 器材转账拨款		4. 非经营项目转出投资		3. 基建结余资金
5. 煤代油专用基金拨款		二、应收生产单位投资借款		
6. 自筹基金拨款		三、拨款所属投资借款		
7. 其他拨款		四、器材		
二、项目资本金		其中：代处理器材损失		
1. 国家资本		五、货币资金		
2. 法人资本		六、预付及应收款		
3. 个人资本		七、有价证券		
三、项目资本公积金		八、固定资产		
四、基建借款		固定资产原值		
五、上级拨入投资借款		减：累计折旧		
六、企业债券资金		固定资产净值		
七、待冲基建支出		固定资产清理		
八、应付款		待处理固定资产损失		
九、未付款				
1. 未交税金				
2. 未交基建收入				
3. 未交基建包干节余				
4. 其他未交款				
十、上级拨入资金				
十一、留成收入				
合计		合计		

表 4－6 大、中型建设项目交付使用资产总表

单项工程项目名称	总计	固定资产					流动资产	无形资产	递延资产
		建筑工程	安装工程	设备	其他	合计			
1	2	3	4	5	6	7	8	9	10

表 4－7 小型建设项目竣工财务决算总表

<table>
<tr><td>建设项目名称</td><td colspan="2"></td><td colspan="3">建设地址</td><td colspan="2"></td><td colspan="2">资金来源</td><td colspan="2">资金运用</td></tr>
<tr><td>初步设计概算批准文号</td><td colspan="7"></td><td>项目</td><td>金额（元）</td><td>项目</td><td>金额（元）</td></tr>
<tr><td rowspan="3">占地面积（m^2）</td><td>计划</td><td>实际</td><td rowspan="3">总投资（万元）</td><td colspan="2">计划</td><td colspan="2">实际</td><td>一、基建拨款其中：预算拨款</td><td></td><td>一、交付使用资产</td><td></td></tr>
<tr><td rowspan="2"></td><td rowspan="2"></td><td>固定资产</td><td>流动资产</td><td>固定资产</td><td>流动资产</td><td>二、项目资本金</td><td></td><td>二、待核销基建支出</td><td></td></tr>
<tr><td></td><td></td><td></td><td></td><td>三、项目资本公积金</td><td></td><td>三、非经营项目转出投资</td><td></td></tr>
<tr><td rowspan="2">新增生产能力</td><td colspan="2">能力（效益）名称</td><td>设计</td><td colspan="4">实际</td><td>四、基建借款</td><td></td><td>四、应收生产单位投资借款</td><td></td></tr>
<tr><td colspan="2"></td><td></td><td colspan="4"></td><td>五、上级拨入借款</td><td></td><td>五、拨付所属投资借款</td><td></td></tr>
<tr><td rowspan="2">建设起止时间</td><td colspan="2">计划</td><td colspan="5">从 年 月开工
至 年 月竣工</td><td>六、企业债券资金</td><td></td><td>六、器材</td><td></td></tr>
<tr><td colspan="2">实际</td><td colspan="5">从 年 月开工
至 年 月竣工</td><td>七、待冲基建支出</td><td></td><td>七、货币资金</td><td></td></tr>
</table>

续表 4-7

	项目	概算（元）	实际（元）	八、应付款		八、预付及应收款	
基建支出	建筑安装工程			九、未付款其中：未交基建收入、未交包干收入		九、有价证券	
	设备、工具、器具					十、原有固定资产	
	待摊投资其中：建设单位管理费			十、上级拨入资金			
	其他投资			十一、留成收入			
	待核销基建支出						
	非经营项目转出投资						
	合计			合计		合计	

3. 工程竣工图

建设项目竣工图是真实地记录着各种地上、地下建筑物和构筑物等情况的技术文件，是进行交工验收、维护改建及扩建的依据，也是国家的重要技术档案。

关于竣工图的编制，国家规定：各项新建、扩建、改建的基本建设工程，特别是基础、地下建筑、管线、结构、井巷、桥梁、隧道、港口、水坝以及设备安装等隐蔽部位，在施工过程中，必须及时做好隐蔽工程检查记录，工程完工后，按照各种记录和变更来编制竣工图。竣工后施工图纸没有变动的，施工单位可在原施工图上加盖"竣工图"标志，作为竣工图。

在施工过程中虽有一些变更，但可以在原施工图上进行修改、补充说明，不重新绘制的，施工单位应在原施工图上注明修改部分，并附上设计变更单，加盖"竣工图"标志，作为竣工图。

凡在施工过程中有结构形式改变、施工工艺改变、平面布置改变等重大变更，不宜在原施工图上修改补充的，应重新绘制竣工图，并由施工单位在新图上加盖"竣工图"标志，作为竣工图。

4. 工程造价对比分析

在竣工决算书中对控制工程造价所采取的措施、效果及其动态变化进行分析比较，总结经验教训。批准的设计概算是考核工程造价的依据。先对比项目总概算和竣工决算总造价，再对比各单项工程的概算和实际决算造价。譬如说设备安装工程的总概算和竣工决算造价比较，找出节约或超支的具体环节，提出改进措施，一般从以下三个方面分析：

①分析主要实物工程量。对实物工程量有较大出入的，必须查明原因。

②分析主要材料消耗量。在设备安装工程中，材料费一般占直接工程费的70%以上，考

核主要材料的消耗量，并分析超耗的原因。

③分析建设单位管理费、措施项目费、其他项目费等，看有无重计、漏计、多计的现象，并查明原因。

4.5 建设安装工程竣工决算和竣工结算的区别

竣工决算是以竣工结算为基础，再加上从筹建开始到全部竣工的其他工程费用支出而编制的。两者的区别在于：

①编制单位不同。竣工决算是由建设单位(发包方)编制的，而竣工结算是由施工单位(承包方)编制的。

②针对范围不同。竣工决算是针对整个建设项目的，在项目全部竣工后，才能编制。而竣工结算既可以针对项目，也可以针对某个单位或单项工程的竣工来编制。

③作用不同。竣工决算是考核项目基建投资效果，办理移交新增资产价值的依据；竣工结算是发包与承包双方结算工程价款的依据，是施工单位核算生产成果和考核工程成本的依据。先办理工程竣工结算，后编制竣工决算。

复习思考题

1. 简述设计概算包括哪些内容。其编制方法的特点有哪些？
2. 简述施工图预算的定义。施工图预算编制的依据主要有哪些？
3. 工程结算的方式有哪几种？其价款计算与支付有哪些？
4. 工程预付款的抵扣方式有哪些？
5. 工程质量保证金的预留和扣除主要有哪些要求？
6. 工程竣工结算和竣工决算的区别是什么？

第5章　建设安装工程经济分析

工程技术是实现人类社会经济发展的基础和手段，而工程技术的实现与进步总是要基于一定的经济条件的，如工程的规模、所使用的原材料、技术与一定时期一个国家或一个区域的资金、劳动、信息等各种有关的经济资源相结合，才能实施并取得预期的经济效果；同时，如果工程技术水平满足不了经济发展的要求，必然会对经济的发展产生制约作用。因此，工程技术与经济发展相辅相成、相互制约，客观上要求工程技术的先进性与经济上的合理性必须和谐统一。

对建设安装工程进行经济分析，主要是运用工程经济学理论，研究工程技术投资和经济效益的关系，例如各种技术在使用过程中，如何以最小的投入取得最大的产出；如何用最低的寿命周期成本实现产品、作业或服务的必要功能等。工程经济学研究工程项目的经济效果，具体内容包括了对工程项目的资金筹集、经济评价、优化决策以及风险和不确定性分析等。

5.1　工程经济分析的基本要素

5.1.1　投资形成的资产

投资是指投资主体为实现盈利或避免风险，通过各种途径，以一定的资源(如资金、人力、技术、信息等)投入某项计划或工程的一种有目的的经济行为。

固定资产：指使用期限较长(一年以上)，单位价值在规定的标准以上，在生产过程中为多个生产周期服务，在使用过程中保持原来的物质形态的资产。包括房屋、建筑物、机械、运输设备和其他与生产经营有关的设备、器具、工具等。

无形资产：指能为企业长期提供某种权利或利益，但不具有实物形态的资产。包括专利、著作权、版权、商标、专有技术等。

递延资产：指不能全部计入当年损益，应当在以后年度内分期摊销的各项费用。包括开办费、租赁固定资产改良费、固定资产的装潢和装修费等。

流动资金：指为维持一定规模生产而预先垫付的，用于生产经营过程中购买原材料、燃料动力、备品备件、支付工资和其他费用，以及被在产品、半成品、产成品和其他存货占用的周转资金。流动资金是流动资产与流动负债的差额。所谓流动负债是指正常生产情况下平均的应付账款。流动负债加上短期借款就是流动负债总额。流动资产加上累计盈余资金就是流动资产总额。

5.1.2 成本费用

成本费用是企业在生产经营期为生产或提供服务所发生的全部费用，也称为总成本费用。从形成过程来看，总成本费用由生产成本和期间费用构成。

总成本费用 = 生产成本 + 销售费用 + 财务费用 + 管理费用

= 外购材料 + 外购燃料 + 外购动力 + 工资及福利费 + 折旧费 + 摊销费

+ 利息支出 + 修理费 + 其他费用

经营成本指工程项目在生产经营期的经常性实际支出。经营成本与总成本费用的关系为

经营成本 = 总成本费用 - 折旧费 - 摊销费 - 利息支出

折旧费是固定资产价值转移到产品中的部分，是产品总成本费用的组成部分。由于和原材料等流动资产不同，设备等固定资产不会一次性地随产品出售而消失，即随着产品的销售，并不改变其实物形态。折旧费只是对固定资产价值形态的一种补偿，但并没有从项目系统中流出，而是保留在系统内。

摊销费指的是无形资产及其他资产等一次性投入费用的分摊。摊销费只是项目内部的现金转移，而非实际的现金支出。

5.1.3 销售收入、税金及利润

1. 销售收入

销售收入是企业向社会出售商品或提供劳务的货币收入。即销售收入 = 产品销售量 × 价格。

2. 税金

税金是国家依据法律对有纳税义务的单位和个人所征收的财政资金。税收是国家凭借政治权力参与国民收入分配和再分配的一种方式，具有强制性、无偿性和固定性的特点。税收是国家取得财政收入的主渠道，也是国家对各项经济活动进行宏观调控的重要杠杆。

3. 利润

利润是企业在一定时期内的生产经营活动的最终财务成果，能综合地反映企业生产经营各方面的效益。工程投资项目投产后所获得的利润可分为销售利润（忽略营业外的净收入和其他投资收益）和税后利润两个层次：

销售利润 = 销售收入 - 总成本费用 - 销售税金及附加

税后利润 = 销售利润 - 所得税

5.2 资金的时间价值和等值计算

5.2.1 资金的时间价值

1. 资金的时间价值的概念

将资金投入使用后经过一段时间，资金便产生了增值，也就是说，由于资金在生产和流通环节中的作用，使投资者得到了收益或盈利。资金的价值是时间的函数，会随着时间的推移而增加，增加的那部分价值就是原有资金的时间价值。

在商品经济条件下，资金在投入生产与交换过程中产生了增值，给投资者带来了利润，其实质是由于劳动者在生产与流通过程中创造了价值。从投资者的角度来看，资金的时间价值表现为资金具有增值特性。从消费者的角度来看，资金的时间价值是对放弃现时消费带来的损失所做的必要补偿，这是因为资金用于投资后则不能再用于现时消费。

2. 影响资金时间价值大小的因素

从投资角度看，影响资金时间价值大小的因素主要取决于投资收益率、通货膨胀率和投资风险。投资收益率反映出该工业项目或技术方案所能取得的盈利大小。通货膨胀率则反映投资者必须付出的因货币贬值所带来的损失。投资风险往往和投资回报相联系，通常回报越高，风险越大。投资风险的分析、判断和评估涉及政治、经济、金融、资源等多方面的因素。

3. 现金流量及现金流量图

(1)现金流量的概念

若将某工程项目作为一个系统，对该项目在寿命周期内发生的费用和收益进行描述和计量，则：在某一时间点上流出系统的货币称为现金流出或负现金流量；流入系统的货币称为现金流入或正现金流量；同一时间点上的现金流入和现金流出的代数和称为净现金流量。现金流入、现金流出及净现金流量统称为现金流量。

(2)现金流量图

现金流量图是工程项目在寿命周期内对现金流入和现金流出状况的图解，如图 5-1 所示。横轴是时间轴，自左向右表示时间的延续。横轴等分成若干间隔，每一间隔代表一个时间单位(通常是一年)。时间轴上的点称为时间点。标注有时间序号的时间点通常是该时间序号所表示年份的年末，同时也是下一年的年初。如 0 代表第一年年初，1 代表第一年年末和第二年年初，依此类推。横轴上反映的是所考察的经济系统的寿命周期。

与横轴相连的垂直线，代表流入或流出系统的现金流量。箭头向上表示现金流入，箭头向下表示现金流出，垂直线的长短与现金流量绝对值的大小成比例。现金流量图上要注明每一笔现金流量的金额。

通常假设投资发生在年初，销售收入、经营成本及残值回收等发生在年末。

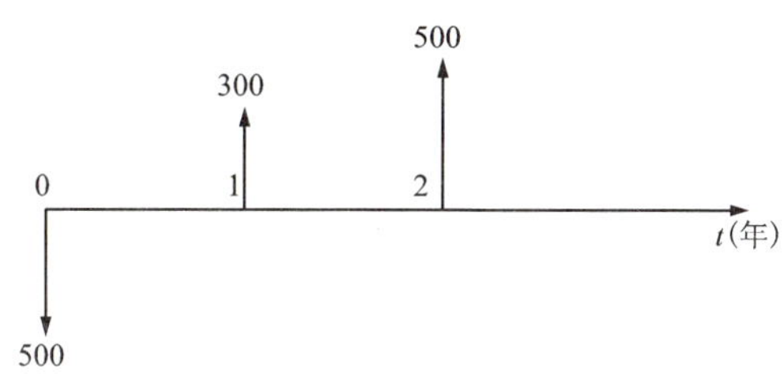

图5-1 现金流量图

5.2.2 利息、利率及计算

1. 利息、利率

将一笔资金存入银行(相当于银行占用了这笔资金),经过了一段时间以后,资金所有者就能在该笔资金之外再得到一些报酬,我们称之为利息。利息是指占用资金所付出的代价(或放弃资金使用后所得到的补偿)。利息通常由本金和利率计算得出。

利率是指在一个计息周期内所应付出的利息额与本金之比,一般以百分数来表示:

$$i = \frac{I}{P} \times 100\%$$

式中:i 为利率;I 为一个计息周期的利息,计息周期可以为年、季、月或日;P 为本金。

本利和 F 可由下式计算得出:

$$F = P + I$$

2. 单利与复利

单利法是每期均按原始本金计息,即不管计息周期为多少,每经一期则按原始本金计息一次,利息不再生利息。

单利计息的计算公式为:

$$I = P \cdot n \cdot i$$

式中:I 为 n 个计息期的总利息;n 为计息期数;i 为利率。

n 个计息周期后的本利和为:

$$F = P + P \cdot n \cdot i = P(1 + i \cdot n)$$

复利法按本金与累计利息额的和计息,也就是说,除本金计息外,利息也生利息,每一计息周期的利息都要并入下一期的本金,再计利息。

复利的计算公式为:

$$F = P(1 + i)^n$$

3. 名义利率与实际利率

名义利率是计息周期的利率与一年的计息次数之乘积。例如按月计算利息,月利率为1%,即“年利率为12%,每月计息一次”,年利率12%称为名义利率。

实际利率是在一个阶段内，按复利计息实际所得到的利率。

名义利率和实际利率的关系为：若设名义年利率为 r，一年中计息次数为 m，那么一个计息周期的利率就为 r/m，则名义利率与实际利率的换算公式为

$$i=\left(1+\frac{r}{m}\right)^{m}-1 \tag{5-1}$$

式中：m 为计息期数；i 为实际利率；r 为名义利率。

①当 $m=1$ 时，$i=r$，即实际利率等于名义利率；

②当 $m>1$ 时，$i>r$，且 m 越大，即一年中计算复利的有限次数越多，则年实际利率相对于名义利率就越高。当 $m\to\infty$ 时，

$$\begin{aligned} i &= \lim_{m\to\infty}\left(1+\frac{r}{m}\right)^{m}-1 \\ &= \lim_{m\to\infty}\left[\left(1+\frac{r}{m}\right)^{\frac{m}{r}}\right]^{r}-1 \\ &= e^{r}-1=2.71828^{r}-1 \end{aligned}$$

[例5-1]假定年名义利率为10%，分别按不同计息方式计算年有效利率，如表5-1所示。

表5-1

计算方式	一年中计息期数	各期有效利率(%)	年有效利率	
按年	1	10/1=10.000	$(1+10\%/1)^{1}-1$	10%
按半年	2	10/2=5.000	$(1+10\%/2)^{2}-1$	10.25%
按季	4	10/4=2.500	$(1+10\%/4)^{4}-1$	10.38%
按月	12	10/12=0.833	$(1+10\%/12)^{12}-1$	10.47%
按日	365	10/365=0.027	$(1+10\%/365)^{365}-1$	10.515%
连续地	∞	0.000%	2.718280.1	10.517%

5.2.3 等值计算

1. 资金等值的概念与影响因素

资金等值是指在考虑了时间因素之后，在不同时刻发生的数值不等的资金可能具有相等的价值。由于资金时间价值的存在，不同时刻发生的资金流入或流出不能直接求代数和，为了达到资金的流入或流出满足时间可比性要求，就必须进行资金的等值计算。

资金的等值是考虑了资金时间价值后的等值。资金数额相等，发生的时间不同，其价值并不一定相等；而资金数额不等，发生的时间也不同，其价值却可能相等。

决定资金等值的因素有资金数额、资金发生的时刻和利率。其中利率是关键性因素，在考察资金等值的问题中必须以相同利率作为依据进行比较计算。

2. 资金等值的计算

利用等值的概念，把在不同时间点发生的资金金额换算成同一时间点的等值金额，这一

过程叫作资金等值计算。

资金等值计算方法是以资金时间价值原理为依据，以利率为杠杆，结合资金的使用时间及增值能力，对工程项目和技术方案的现金进行折算，以期找出共同时间点上的等值资金额来进行比较、计算和流量选择的方法。

资金等值计算中的几个概念及规定：

①现值 P：发生在时间序列起点、年初或计息期初的资金。求现值的过程称为折现，规定在期初。

②终值 F：发生在年末、终点或计息期末的资金。规定在期末。

③年值 A：指各年等额支出或等额收入的资金。规定在期末。

5.2.4 复利公式

复利公式有六个常用的基本公式，即整付终值公式、整付现值公式、等额分付终值公式、等额分付现值公式、等额分付偿债基金公式和等额分付资本回收公式。最基本的公式是整付终值公式，其余公式都是以该公式为基础推导出来的。以上公式均可通过复利公式表查得计算值。

1. 整付类型

整付又称为一次性支付，是指资金在某一特定时间点上一次性支付(或收取)，经过一段时间后再相应地一次性收取(或支付)。整付类型资金的特点是资金的收入和支出都是一次性发生的。

(1)整付终值公式

若已知一次投入的现值为 P，求 n 期末的终值 F，即 n 期末的本利和，也就是已知 P，n，i，求 F，其计算公式为：

$$F=P(1+i)^n \tag{5-2}$$

$(1+i)^n$ 称为整付终值系数，记为$(F/P,\ i,\ n)$。

[例5-2]某人现在投资5000元，年利率10%，10年末可得多少资金？

$$F=5000\cdot(1+10\%)^{10}=12968.71(\text{元})$$

(2)整付现值公式

已知某一时间点上投入资金 F，年利率为 i，投放资金的时期数为 n，求其折现值 P，则

$$P=F(1+i)^{-n} \tag{5-3}$$

$(1+i)^{-n}$称为整付现值系数，记为$(P/F,\ i,\ n)$

[例5-3]某投资年利率12%，5年期，预5年后得本利和2万元，现应投资多少？

$$P=20000\cdot(1+12\%)^{-5}=11348.54(\text{元})$$

2. 等额分付类型

多次分付是指现金流量在多个时间点发生，而不是集中在一个时间点上。

(1)等额分付终值公式

已知 n 年内每年年末投入 A，年利率为 i，求到 n 年末的终值 F。F 等于每年等额年金 A 的本利和，即：

$$F=A\left[\frac{(1+i)^n-1}{i}\right] \tag{5-4}$$

$\frac{(1+i)^n-1}{i}$称为等额分付终值系数，记为$(F/A, i, n)$。

[例5-4]某厂为进行技术改造，每年从利润中提取20000元建设基金。若年利率为9.8%，5年后该项目资金有多少?

$$F=20000\times\frac{(1+9.8\%)^5-1}{9.8\%}=121616.76(\text{元})$$

(2)等额分付偿债基金公式

已知一笔未来n期末的债款F，拟在每期期末等额存储一笔资金A，以便到n期末偿清F，求A的值。

$$A=F\left[\frac{i}{(1+i)^n-1}\right] \tag{5-5}$$

$\frac{i}{(1+i)^n-1}$称为等额分付偿债基金系数，记为$(A/F, i, n)$。

[例5-5]某公司10年后要偿还债务20万元，年利率为10%，则每年应从利润中提取多少钱存入银行?

$$A=200000\times\frac{10\%}{(1+10\%)^{10}-1}=12549.08(\text{元})$$

(3)等额分付现值公式

已知在n年内每年等额收支一笔资金A，在利率为i的情况下，计算此笔资金的现值总额P。

$$P=A\,\frac{(1+i)^n-1}{i(1+i)^n} \tag{5-6}$$

$\frac{(1+i)^n-1}{i(1+i)^n}$称为等额分付现值系数，记为$(P/A, i, n)$。

[例5-6]某项目投资600万元，建成后使用寿命为8年，每年可收回100万元，年利率为10%，问该项目是否值得投资?

$$P=100\times\frac{(1+10\%)^8-1}{(1+10\%)^8\times10\%}=533.49(\text{万元})<600(\text{万元})$$

由于项目年收入只能补偿投资533.49万元，而项目原投资600万元。收入不能补偿原投资，因此不值得投资。

(4)等额分付资金回收公式

已知在期初一次性投资的资金数额为P，欲在数年内全部收回，计算在利率为i的情况下年末应等额回收的资金A。

$$A=P\,\frac{i(1+i)^n}{(1+i)^n-1} \tag{5-7}$$

$\frac{i(1+i)^n}{(1+i)^n-1}$称为等额分付现值系数，记为$(A/P, i, n)$。

[例5-7]某企业向银行贷款50000万元，年利率为10%，要求在10年内等额偿还，问每年应还多少?

$$A = 50000 \times \frac{(1+10\%)^{10} \times 10\%}{(1+10\%)^{10} - 1} = 8137.27(\text{万元})$$

以上公式之间存在着内在联系，一些公式互为逆运算，其系数互为倒数。用系数表示如下：

$$(P/F, i, n) = \frac{1}{(F/P, i, n)} \tag{5-8}$$

$$(F/A, i, n) = \frac{1}{(A/F, i, n)} \tag{5-9}$$

$$(P/A, i, n) = \frac{1}{(A/P, i, n)} \tag{5-10}$$

5.2.5 工程经济分析的一般程序

工程经济分析主要是对各种可行的技术方案进行综合分析、计算、比较和评价，全面衡量其经济效益，以做出最佳选择，为决策提供科学依据的。其一般程序如图5－2所示。

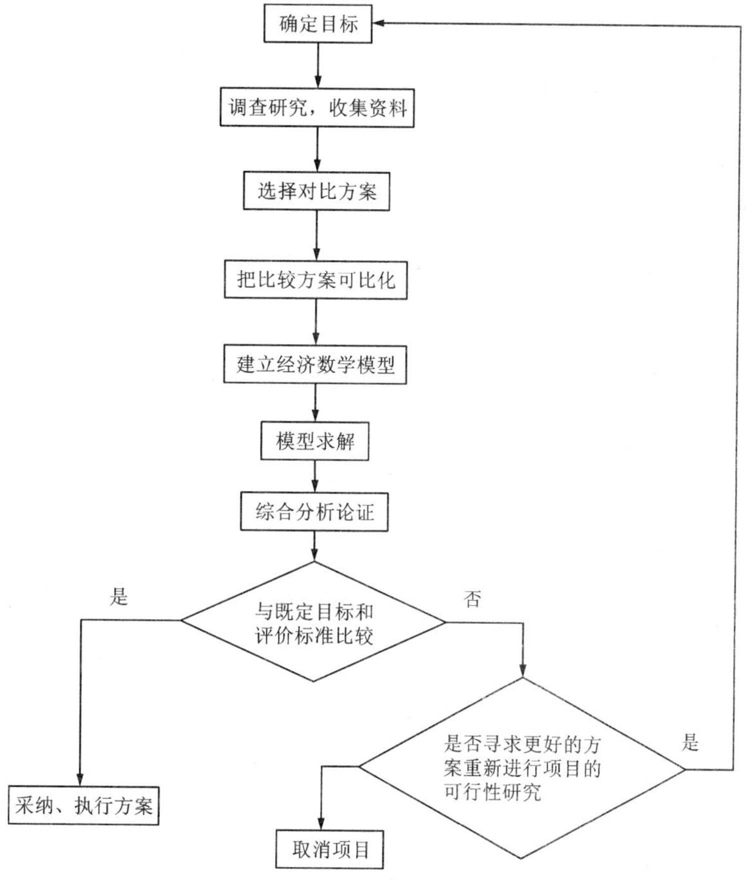

图5－2 工程经济分析的一般程序

1. 确定目标

工程经济分析的目的在于寻求各方案之间的优劣比较，要比较就需要有共同的目标。由需要形成问题，再由问题产生目标，然后依目标去寻求最佳方案。目标就是根据问题的性质、范围、原因和任务设定的，是工程经济分析中至关重要的一环。如果目标确定错误，就会导致分析失误或失败，造成浪费。在确定目标时要做到：①目标要具体、明确；②要有总体观点；③要分清主次。

2. 调查研究收集资料

目标确定后，要对实现目标的需求进行研究，分析是否具有实现目标所需的资源、技术、经济和信息等条件。资料的正确与否，会直接影响分析的质量，资料要真实、先进、及时和全面。

3. 选择对比方案

方案是分析比较的对象。为了便于比较、鉴别和优选，在工程经济分析初期，应首先对能够实现既定目标的各种途径进行充分挖掘，在占有资料的基础上，对比方案尽可能多一些，并提供充分的比较对象，以确保优选质量。

4. 把比较方案可比化

对于互相比较的方案，由于各方案的指标和参数不同，往往难于进行直接对比，因此需要对一些不能直接对比的指标进行处理，使方案在使用价值上等同化，即将不同数量和质量的指标尽可能转化为统一的可比性指标，一般会转化为货币指标，以满足可比性要求。

5. 建立经济数学模型

经济数学模型是工程经济分析的基础和手段。通过经济数学模型的建立，进一步规定方案的目标体系和约束条件，为以后的经济分析创造条件。

6. 模型求解

把各种具体资料和数据代入数学模型中运算，求出各方案主要经济指标的具体数值并进行比较，初步选择方案。

7. 综合分析认证

在对不同方案的指标进行分析计算的基础上，再对其整个指标体系和相关因素进行定量和定性的综合比较，选出最优方案。

8. 与既定目标和评价标准比较

将最后选定的方案与既定的目标和评价标准进行比较，符合的就采纳，不符合则重新按照此程序进行其他替代方案的分析。

5.3 投资项目单方案的评价

根据是否考虑时间因素，投资项目的评价方法可分为静态评价和动态评价两大类。

静态评价，是指对项目和方案的效益和费用进行计算时，不考虑资金的时间价值，不进行复利计算。

动态评价，是指对项目和方案的效益和费用进行计算时，要充分考虑到资金的时间价值，要采用复利计算方法，把不同时间点的效益流入和费用流出折算为同一时间点的等值价值，为项目和方案的技术经济比较确立相同的时间基础，并使其能反映未来一段时期的发展变化趋势。

5.3.1 静态评价指标

常用的静态评价指标有静态投资回收期、投资效果系数等。

1. 静态投资回收期

静态投资回收期是指在不考虑资金的时间价值的条件下，用投资(项目)所产生的净现金流量补偿原投资(包括固定投资和流动资金)所需要的时间长度，通常以年计算，一般从投资开始时(第 0 年)算起。

$$\sum_{t=0}^{P_t}(CI-CO)_t=0 \tag{5-11}$$

式中：CI 为现金流入量；CO 为现金流出量；$(CI-CO)_t$ 为第 t 年的净现金流量；P_t 为静态投资回收期(年)。

静态投资回收期亦可根据全部投资的财务现金流量表中的累计净现金流量计算求得，其详细计算公式为

$$P_t=\begin{bmatrix}\text{累计净现金流量}\\\text{开始出现正值年份数}\end{bmatrix}-1+\frac{\text{上年累计净现金流量绝对值}}{\text{当年净现金流量}} \tag{5-12}$$

用投资回收期评价投资项目，需要与根据同类项目的历史数据和投资者意愿确定的基准投资回收期相比较。设基准投资回收期为 P_c，判别准则为：

若 $P_t \leqslant P_c$，则项目可以考虑接受；若 $P_t > P_c$，则项目应予以拒绝。

[**例 5-8**]某项目现金流量如表 5-2 所示，求投资回收期。

表 5-2

年度 t	0	1	2	3	4	5	6	7	8	9
CI			200	300	400	400	400	400	400	600
CO	1000	200	100	100	100	100	150	100	100	100
$CI-CO$	-1000	-200	100	200	300	300	250	300	300	500
$\sum(CI-CO)_t$	-1000	-1200	-1100	-900	-600	-300	-50	250	550	1050

解：$P_t = 7 - 1 + (50/300) = 6.17$（年）

2. 投资效果系数

投资效果系数，又称投资收益率，是指项目达到设计生产能力后的一个正常年份的净收益额与项目总投资的比率，是考察项目单位投资盈利能力的指数。

$$R = \frac{NB}{K} \tag{5-13}$$

式中：K 为投资总额，包括固定资产投资和流动资金等；NB 为项目达产后正常年份的净收益或平均净收益，包括企业利润和折旧；R 为投资收益率。

用投资效果系数指标评价投资方案的经济效果，需要与根据同类项目的历史数据及投资者意愿等确定的基准投资效果系数做比较。设基准投资效果系数为 R_b，判别准则为：

若 $R \geqslant R_b$，则项目可以考虑接受；

若 $R < R_b$，则项目应予以拒绝。

5.3.2 动态评价指标

1. 净现值

净现值（NPV）是将不同时间点上发生的净现金流量通过规定的折现率（基准折现率）统一折算现值的代数和。

$$NPV = \sum_{t=0}^{n} (CI - CO)_t (1 + i_0)^{-t} \tag{5-14}$$

式中：NPV 为净现值；$(CI - CO)_t$ 为第 t 年的净现金流量；i_0 为基准收益率。

对单一方案而言，若 $NPV \geqslant 0$，则表示项目实施后的收益率不小于基准收益率，方案可以考虑接受；若 $NPV < 0$，则表示项目的收益率未达到基准收益率，应予拒收。

多方案比较时，以净现值大的方案为优。

净现值的优缺点如下所述。

优点：①考虑了投资项目在整个经济寿命期内的收益；②考虑了投资项目在整个经济寿命期内的更新或追加投资；③反映了纳税后的投资效果；④既能在费用效益对比上进行评价，又能和别的投资方案进行收益率的比较。

缺点：①预先确定折现率 i_0，这给项目决策带来了困难；②净现值比选方案时，没有考虑到各方案投资额的大小，因而不能直接反映资金的利用效率。

[**例 5-9**]某企业新上一条生产线，投资 500 万元，当年建成投产。第一年试生产，销售收入为 240 万元，经营成本为 150 万元，以后每年的销售收入为 480 万元，经营成本为 300 万元，销售税为 10%，使用寿命 10 年，期末残值为 50 万元，折现率为 12%，试计算净现值，并判断项目是否可行？

解：运用表格法。

表 5-3

年度 t	0	1	2	3	4	5	6	7	8	9	10
CI		216	432	432	432	432	432	432	432	432	482
CO	500	150	300	300	300	300	300	300	300	300	300
$(CI-CO)_t$	-500	66	132	132	132	132	132	132	132	132	182
$(CI-CO)_t(1+i)^{-t}$	-500	58	105.23	93.96	83.89	74.90	66.87	59.70	53.31	47.60	58.60

$$NPV = \sum_{t=0}^{10}(CI-CO)_t(1+i)^{-t} = 202.99(\text{万元})$$

运用公式法计算上题：

$$\begin{aligned}NPV &= -500+66\times(P/F,\ 12\%,\ 1)+132\times(P/A,\ 12\%,\ 9)(P/F,\ 12\%,\ 1)+50\times(P/F,\ 12\%,\ 10)\\ &= -500+66\times(P/F,\ 12\%,\ 1)+132\times(P/A,\ 12\%,\ 8)(P/F,\ 12\%,\ 1)+182\times(P/F,\ 12\%,\ 10)\end{aligned}$$

2. 净现值率

所谓净现值率($NPVR$)是按基准折现率求得的方案计算期内的净现值与其全部投资现值的比率。由于净现值不能直接反映资金的利用效率，为了考察资金的利用效率，可采用净现值率作为净现值的补充指标。

$$NPVR = \frac{NPV}{K_P} \tag{5-15}$$

式中：NPV 为净现值率；K_P 为项目总投资现值。

用净现值率评价方案时，若 $NPVR \geqslant 0$，则方案可行；若 $NPVR < 0$，则方案不可行。

用净现值率进行方案比较时，以净现值率较大的方案为优。净现值率一般作为净现值的辅助指标来使用。

净现值率表示单位投资现值所取得的净现值额，也就是单位投资现值所取得的超额净效益。净现值率的最大化，将有利于实现有限投资并取得净贡献的最大化。

3. 净将来值

净将来值(NFV)就是以项目计算期为准，把不同时间点发生的净现金流量按照一定的折现率计算到项目计算期末的未来值之和。

$$NFV = \sum_{t=0}^{n}(CI-CO)_t(1+i)^t = \sum_{t=0}^{n}(CI-CO)_t(F/P,\ t,\ i) \tag{5-16}$$

判断准则：若 $NFV \geqslant 0$，项目可行；若 $NFV < 0$，项目不可行。

[例 5-10] 某项目的期初投资为 1000 万元，投资后一年建成并获益。每年的销售收入为 400 万元，经营成本为 200 万元，该项目的寿命期为 10 年。若基准折现率为 5%，请用净将来值指标判断该项目是否可行？

解：

$NFV=(400-200)(F/A,5\%,10)-1000(1+5\%)^{10}=886.67$（元）

$NFV>0$，项目可行。

4. 净年值

净年值（NAV），又称年值或年金，将方案计算期内的净现金流量按基准收益率换算到各年的等额支付序列年值。

$$NAV=NPV(A/P,i_0,n)=\left[\sum_{t=0}^{n}(CI-CO)_t(P/F,i_0,t)\right](A/P,i_0,n) \quad (5-17)$$

式中：NAV 为净年值。

在进行独立方案或单一方案评价时，若 $NAV\geqslant0$，方案可行；若 $NAV<0$，方案不可行。

在进行多方案比较时，以净年值大的方案为优。

净年值表明方案在寿命期内每年获得的按基准收益率应得的收益外，所取得的等额超额收益。

[例 5－11] 某项目的期初投资为 1000 万元，投资后一年建成并获益。每年的销售收入为 400 万元，经营成本为 200 万元，该项目的寿命期为 10 年。若基准折现率为 5%，请用净年值指标判断该项目是否可行？

解： $NAV=(400-200)-1000(A/P,5\%,10)=70.5$（元）

项目可行，与前面的结论一致。

采用 NPV，NFV，NAV 进行方案分析，三者是等效的，评价结论一致。但更为常用的是 NPV。

5. 费用现值与费用年值

在对多个方案比较选优时，如果诸方案的产出价值相同，或者诸方案能够满足同样需要但其产出效益难以用价值形态（货币）计量（如环保、教育、保健、国防）时，可以通过对各方案费用现值或费用年值的比较来进行选择。

费用现值（PC）是指将方案逐年的投资与计算期内各年的经营费用按基准收益率折算到计算期起点的现值代数和。费用年值（AC）能将方案计算期内不同时间点所发生的所有支出费用，按基准收益率折算成与其等值的等额支付序列年费用。

$$PC=\sum_{t=0}^{n}CO_t(P/F,i_0,t) \quad (5-18)$$

$$AC=\left[\sum_{t=0}^{n}CO_t(P/F,i_0,t)\right](A/P,i_0,n) \quad (5-19)$$

费用现值或费用年值越小，其方案的经济效益越好。

6. 动态投资回收期

动态投资回收期（P_D）是指考虑资金的时间价值，在给定的基准收益率 i_0 下，方案各年净收益的现值来回收全部投资的现值所需的时间。

$$\sum_{t=0}^{P_D}(CI-CO)_t(1+i_0)^{-t}=0 \quad (5-20)$$

也可用全部投资的财务现金流量表的累计净现金计算求得，其详细计算公式为

$$P_t = \begin{bmatrix} 累计折现值 \\ 开始出现正值的年份数 \end{bmatrix} - 1 + \frac{上年累计折现值的绝对值}{当年折现值} \tag{5-21}$$

用动态投资回收期评价投资项目的可行性，需要与基准动态投资回收期相比较。设基准动态投回收期为 P_c，判别准则为：

若 $P_D \leqslant P_c$，则项目可以考虑接受；

若 $P_D > P_c$，则项目应予以拒绝。

7. 内部收益率

内部收益率（IRR）是指使方案在整个计算期内的各期净现金流量现值累计之和为零时的折现率，或者说是使方案净现值为零时的折现率。

$$\sum_{t=0}^{n} (CI - CO)_t (1 + IRR)^{-t} = 0 \tag{5-22}$$

式（5-22）是一个高次方程，直接用式（5-22）求解 IRR 是比较复杂的，因此在实际应用中通常会采用“线性插值法”来求 IRR 的近似解。线性插值法求解 IRR 的步骤如下：

①计算各年的净现金流量。

②在满足下列两个条件的基础上预先估计两个适当的折现率 i_1 和 i_2：

$i_1 < i_2$ 且 $|i_1 - i_2| < 5\%$；

$NPV(i_1) > 0 > 0$ 和 $NPV(i_2) < 0$。

如果预估的 i_1，i_2 不满足这两个条件，就要重新进行预估，直至满足条件。

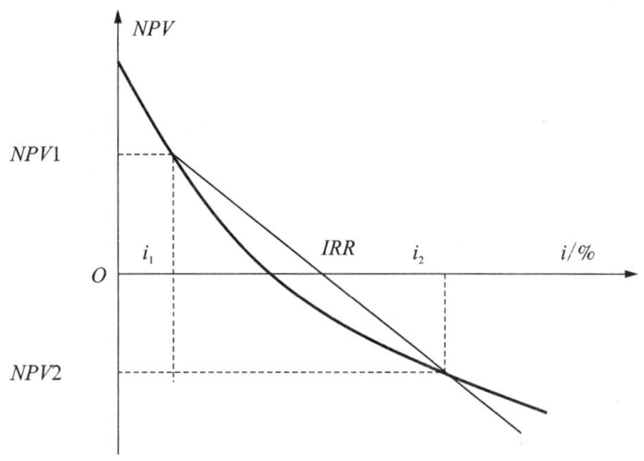

图5-3 线性插值法原理图

③用线性插值法近似求得内部收益率 IRR。

$$IRR = i_1 + \frac{NPV_1}{NPV_1 + |NPV_2|}(i_2 - i_1) \tag{5-23}$$

式中：i_1为插值用的低折现率；i_2为插值用的高折现率；NPV_1为用 i_1计算的净现值（正值）；NPV_2为用 i_2计算的净现值（负值）。

计算求得的内部收益率 IRR 要与项目的基准收益率 i_0 相比较，当 $IRR \geqslant i_0$ 时，则表明项

目的收益率已达到或超过基准收益率水平，项目可行；反之，当 $IRR < i_0$ 时，则表明项目不可行。

内部收益率的经济含义可以这样理解：在项目的整个寿命期内按利率 $i = IRR$ 计算，会始终存在未能收回的投资，而在寿命期结束时，则投资恰好被完全收回。也就是说，在项目寿命期内，项目始终处于“偿付”未被收回的投资状况。因此，项目的“偿付”能力完全取决于项目内部，故有“内部收益率”之称谓。

[例 5 - 12] 题同[例 5 - 9]，基准收益率为 12%，求 IRR，并判断项目是否可行。

解： 令 $i_1 = 15\%$

$$NPV_1 = -500 + 66 \times (P/F, 15\%, 1) + 132 \times (P/A, 15\%, 9)(P/F, 15\%, 1) + 50 \times (P/F, 15\%, 10)$$
$$= 117.4686 > 0$$

$i_2 = 18\%$

$NPV_2 = 46.88$

另令 $i_1 = 18\%$，$i_2 = 21\%$

$NPV_2 = -12.0061$

运用插值法计算得：$IRR = 20.39\% > 12\%$

所以，项目可行。

8. 外部收益率

外部收益率（ERR）是指方案在寿命期内各年支出的终值（按 ERR 折算）与各年收入的终值（按基准收益率 i_c 折算）累计相等时的折现率。

$$\sum_{t=0}^{n} CO_t(1 + ERR)^{n-1} = \sum_{t=0}^{n} CI_t(1 + i_0)^{n-1} \tag{5 - 24}$$

式中：ERR 为项目的外部收益率；CO_t 为第 t 年的负现金流量；CI_t 为第 t 年的正现金流量。

计算求得的外部收益率 ERR 要与项目的基准收益率 i_0 相比较，当 $ERR \geqslant i_0$ 时，则项目可行；反之，当 $ERR < i_0$ 时，则表明项目不可行。

5.4 投资项目多方案的比较和选择

根据方案之间的经济关系，我们可将方案分为互斥方案、独立方案、互补型方案、现金流量相关型方案和混合方案等。

(1)互斥方案

互斥方案是指在多方案中，选择其中的一个方案，其余的则必须放弃，即方案间存在着排斥性。如一座建筑物或构筑物有砖混结构、钢筋混凝土结构和钢结构等多种结构设计类型，选择其中一个设计方案，则必须舍弃其他设计方案，这时方案之间的关系为互斥关系。

(2)独立方案

独立方案是多方案间互不干扰，即一个方案的选择不影响另一个方案的选择，在选择方案时可以任意组合，直到资源被充分运用为止。如企业在没有资金限制的条件下，会开发新产品，改造老产品，这些项目之间就是独立关系。

(3)互补型方案

互补型方案是指在方案众多的情况下出现的技术经济互补的方案。根据方案间的相互依存关系，互补方案可能是对称的，如建设一个大型电站，必须同时建设铁路和电厂，其相互之间不可缺少，是对称的经济互补。也存在不对称的经济互补，如建造一座建筑物和增加一个中央空调系统，建筑物本身是有用的，增加中央空调系统后会使建筑物更有用，但不能说在建造建筑物的同时一定要增加中央空调系统。

(4)现金流量相关型方案

现金流量相关是指各方案的现金流量之间存在着相互影响的关系。方案间不完全互斥，也不完全互补，但如果若干方案中任一方案的取舍都会导致其他方案流量的变化，那么这些方案之间也具有相关性。如一个过江项目，一个是建桥方案，一个是轮渡方案，两个方案都是收费的，若实施或放弃任一方案都会影响另一方案的现金流量，则这两个方案具有相关性。

(5)混合型方案

混合型方案是指项目方案群有两个层次，即高层次是若干个相互独立的方案，其中每个独立方案中又存在若干互斥的方案，或者高层次是若干个互斥的方案，其中每个互斥方案中又存在若干个独立的方案。

下面我们主要讨论互斥方案、独立方案和混合方案的比较和选择。

5.4.1 互斥方案的比较和选择

在关于建设项目工程技术方案的经济分析中，较多的是互斥型方案的比较和选择问题。

由于技术的进步，为实现某种目标可能会形成众多的工程技术方案。这些方案或是采用不同的技术工艺和设备，或是有着不同的规模和坐落位置，或是利用不同的原料和半成品等。当这些方案在技术上都是可行的，经济上也是合理的时候，项目经济评价的任务就是从中选择最好的方案。

互斥方案的经济效果评价包括绝对效果检验和相对效果检验两部分的内容。

绝对效果检验：考察各个方案自身的经济效果，用经济效果评价标准(如 $NPV \geq 0$，$IRR \geq i_0$)检验方案自身的经济性，凡通过绝对效果检验的方案，就认为它在经济效果上是可以接受的，否则就应予以拒绝；其方法已在上节进行了阐述。

相对(经济)效果检验：考察哪个方案相对最优，一般都以增量分析法为基础进行判别，其步骤如下：

①按项目方案投资额从小到大将方案排序。

②以投资额最低的方案为临时最优方案，计算此方案的绝对经济效果指标，并与判别标准相比较，直至找到一个可行方案。

③依次计算各方案的相对经济效益，并与判别标准如基准收益率进行比较，优胜劣败，最终取胜者，即为最优方案。

针对寿命期相同和不同的互斥型方案，用增量分析法进行选择，可分别采用不同的方法：

1. 寿命期相同的互斥型方案选择

(1)差额净现值

对于互斥方案，利用不同方案的差额现金流量来计算分析的方法，称为差额净现值法。设 A、B 为投资额不等的互斥方案，A 方案比 B 方案投资大，两方案的差额净现值可由下式求出：

$$\begin{aligned}\Delta NPV &= \sum_{t=0}^{n}[(CI_A - CO_A)_t - (CI_B - CO_B)_t](1+i_0)^{-t} \\ &= \sum_{t=0}^{n}(CI_A - CO_A)_t(1+i_0)^{-t} - \sum_{t=0}^{n}(CI_B - CO_B)_t(1+i_0)^{-t} \\ &= NPV_A - NPV_B \end{aligned} \tag{5-25}$$

若 $\Delta NPV \geqslant 0$，则表明增加的投资在经济上是合理的，投资大的方案优于投资小的方案；反之，则说明投资小的方案是更经济的。

当有多个互斥方案时，直接用净现值最大准则选择最优方案会比两两比较的增量分析更为简便。分别计算各备选方案的净现值，根据净现值最大准则选择最优方案可以将方案的绝对经济效果检验和相对经济效果检验结合起来，判别准则可表述为：净现值最大且非负的方案为最优可行方案。

[例 5-13]：A、B 是两个互斥方案，其寿命期均为 10 年。A 方案期初投资为 200 万元，第 1 年到第 10 年每年的净收益为 39 万元。B 方案期初投资为 100 万元，第 1 年到第 10 年每年的净收益为 19 万元。若基准折现率为 10%，试选择方案。

解：先用差额净现值指标判断方案的优劣。

第一步，先检验方案自身的绝对经济效果。两方案的净现值为：

$NPVA = 39(P/A, 10\%, 10) - 200 = 39.639$(万元)

$NPVB = 19(P/A, 10\%, 10) - 100 = 16.747$(万元)

由于 $NPVA > 0$，$NPVB > 0$，所以，两个方案自身均可行。

第二步，再判断方案的优劣。

计算两个方案的差额净现值，用投资额大的方案 A 减投资额小的方案 B 可得：$\Delta NPVA - B = (39-19)(P/A, 10\%, 10) - (200-100) = 22.892$(万元)

由于两方案的差额净现值 $\Delta NPVA - B > 0$，所以，投资额大的方案 A 优于方案 B，应选择 A 方案。

[例 5-14]现有四个互斥的投资方案现金流量如表 5-4 所示，年利率为 15%。

表 5-4

方案	A1	A2	A3	A4
0 年末	-5000	-10000	-8000	-7000
1~10 年末	1200	2100	1700	1300

试用增量净现值法进行方案选优。

解：①按投资额大小排序：A1 > A4 > A3 > A2

②计算各方案的净现值 NPV：

$NPVA1 = -5000 + 1200[P/A, 15\%, 10] = 1022.56$ 万元 >0，所以 A1 可行；

$NPVA4 = -7000 + 1300[P/A, 15\%, 10] = -475.56$ 万元 <0，所以 A4 不可行，舍弃；

$NPVA3 = -8000 + 1700[P/A, 15\%, 10] = 531.96$ 万元 >0，所以 A3 可行；

$NPVA2 = -10000 + 2100[P/A, 15\%, 10] = 539.48$ 万元 >0，所以 A2 可行。

③可行方案两两比较：

$\Delta NPVA3 - A1 = -3000 + 500[P/A, 8\%, 10] = -490.6$ 万元 <0，所以留 A1；

$\Delta NPVA2 - A1 = -5000 + 900[P/A, 8\%, 10] = -483.08$ 万元 <0，所以留 A1。

所以 A1 为最优方案。

(2)差额内部收益率

所谓差额投资内部收益率，是指相比较的两个方案的各年净现金流量差额的现值之和等于零时的折现率，其计算公式为

$$\sum_{t=0}^{n}(\Delta CI - \Delta CO)_t(1 + \Delta IRR)^{-t} = 0 \qquad (5-26)$$

式中：ΔCI 为互斥方案 A，B 的差额(增量)现金流入，$\Delta CI = CI_A - CI_B$；ΔCI 为互斥方案 A，B 的差额(增量)现金流出，$\Delta CO = CO_A - CO_B$；ΔIRR 为互斥方案 A，B 的差额内部收益率。

差额内部收益率的定义的另一种表述方式是：两互斥方案净现值(或净年值)相等时的折现率。其计算公式也可以写成

$$\sum_{t=0}^{n}(CI_A - CO_A)_t(1 + \Delta IRR)^{-t} - \sum_{t=0}^{n}(CI_B - CO_B)_t(1 + \Delta IRR)^{-t} = 0 \qquad (5-27)$$

用差额内部收益率比选方案的判别准则是：与项目的基准收益率 i_0 相比较，若 $\Delta IRR \geqslant i_0$，则投资大的方案为优；若 $\Delta IRR < i_0$，则投资小的方案为优。

[例 5-15] 有四个互斥方案的现金流量如表 5-5 所示，且 $i_0 = 15\%$，试用增量净现值法、增量内部收益率法选择最优方案。

表 5-5

方案	0 方案	A1	A2	A3
0 年(万元)	0	-5000	-8000	-10000
1～10 年(万元)	0	1400	1900	2500

解：方法一：增量净现值法。

①按投资额由小到大排序。其中 0 方案就是把资金投放到其他机会上而不投放到所考虑的互斥方案上。

②计算各方案的净现值，判断各方案的可行性。

$NPV0 = 0$，所以 0 方案可行；

$NPVA1 = -5000 + 1400[P/A, 15\%, 10] = 2026$ 万元 >0，

所以 A1 方案可行；

$NPVA2 = -8000 + 1900[P/A, 15\%, 10] = 1535$ 万元 >0,

所以 A2 方案可行。

$NPVA3 = -10000 + 2500[P/A, 15\%, 10] = 2547$ 万元 >0,

所以 A3 方案可行;

③将四个可行互斥方案进行两两比较。

$\Delta NPVA1-0 = -5000 + 1400[P/A, 15\%, 10] = 2026$ 万元 >0,

所以留 A1 方案;

$\Delta NPVA2-A1 = [-8000-(-5000)] + (1900-1400)[P/A, 15\%, 10]$

$= -490$ 万元 <0,

所以留 A1 方案,舍 A2 方案;

$\Delta NPVA3-A1 = [-10000-(-5000)] + (2500-1400)[P/A, 15\%, 10]$

$=520$ 万元 >0,

所以留 A3 方案,舍 A1 方案。

所以 A3 方案为最优方案。

从步骤②中各个方案的净现值来看,A3 方案的净现值最大,所以 A3 方案为最优方案。增量净现值法在与净现值法进行方案比选时具有一致的结论。

方法二:增量内部收益率法。

①按投资额大小排序后,计算各自的内部收益率,则:

计算 0 方案的 $IRR0$:$IRR0 = 15\%$,所以 0 方案可行;

计算 A1 方案的 $IRRA1$:$-5000 + 1400[P/A, IRRA1, 10] = 0$,

得到 $IRRA1 = 25\%$,所以 A1 方案可行;

计算 A2 方案的 $IRRA2$:$-8000 + 1900[P/A, IRRA2, 10] = 0$,

得到 $IRRA2 = 20\%$,所以 A2 方案可行;

计算 A3 方案的 $IRRA3$:$-10000 + 2500[P/A, IRRA3, 10] = 0$,

得到 $IRRA3 = 22\%$,所以 A3 方案可行。

②再将可行方案进行两两比较。

计算 A1 方案与 0 方案的 $\Delta IRRA1-0$:

$-5000 + 1400[P/A, IRRA1, 10] = 0$,则 $\Delta IRRA1-0 = 25\% > 15\%$,

所以留 A1 方案;

计算 A2 方案与 A1 方案的 $\Delta IRRA2-A1$:

$[-8000-(-5000)] + (1900-1400)[P/A, \Delta IRRA2-A1, 10] = 0$,

则 $\Delta IRRA2-A1 = 11\% < 15\%$,所以留 A1 方案;

计算 A3 方案与 A1 方案的 $\Delta IRRA2-A1$:

$[-10000-(-5000)] + (2500-1400)[P/A, \Delta IRRA3-A1, 10] = 0$,

则 $\Delta IRRA3-A1 = 17\% > 15\%$,所以留 A3 方案。

所以 A3 方案为最优方案。用增量内部收益率法与增量净现值法比选的结论是一致的。

而由上面计算的四个互斥方案各自的内部收益率可知:$IRRA1 > IRRA3 > IRRA2$。从内部收益率看似乎 A1 方案最优,但这与现值法的结论相矛盾。因此用内部收益率进行方案分析时,不能直接用 IRR 的大小来选择方案,一定要用增量内部收益率法。

2. 寿命期不同的互斥方案选择

当各备选方案具有不同的计算期时，不能直接采用净现值、差额内部收益率等评价方法对方案进行比选，需要采取一些方法，使备选方案比较的基础相一致。为了满足这些要求，就需要对各备选方案的计算期和计算公式作适当的调整，使得各方案能在相同的条件下进行比较。通常采用最小公倍数法、研究期法等对寿命期不同的方案进行比选。

(1)最小公倍数法

最小公倍数法是以各备选方案的服务寿命的最小公倍数作为方案进行比选的共同的计算期，假定各个方案均在这样一个共同的计算期内反复实施，并对各个方案分析内各年的净现金流量进行重复计算，直到计算期结束。计算各个方案在共同的计算期内的净现值，以净现值最大的方案为最佳方案。

[例 5-16]某企业购买设备，有两种不同型号的设备可供选择，资料如表 5-6 所示。预定折现率为 15%，试做出选择。

表 5-6

设备型号	一次投资	年经营费	残值	服务寿命
A	15000	3500	1000	6 年
B	20000	3200	2000	9 年

解：方法一：年值法。

$AC_A = 3500 + 15000 \times (A/P, 15\%, 6) - 1000 \times (A/F, 15\%, 6) = 7349.31$

$AC_B = 3200 + 20000 \times (A/P, 15\%, 6) - 2000 \times (A/F, 15\%, 6) = 6636.12$

由于 B 的年度费用小，因此，判定 B 相对较优。

方法二：最小公倍数法。

两种型号设备寿命的最小公倍数是 18 年。

绘制现金流量图如图 5-4 所示。

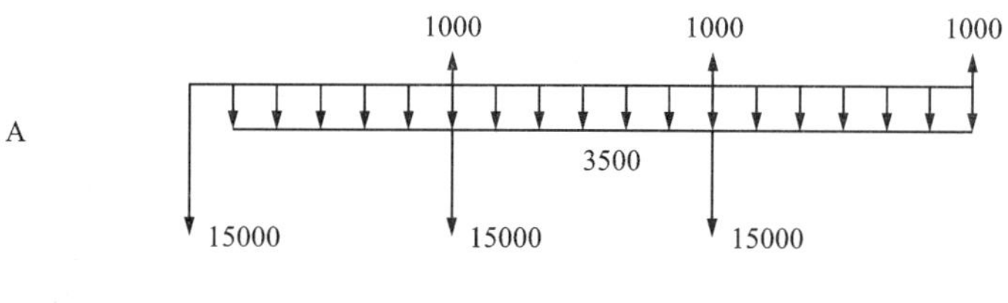

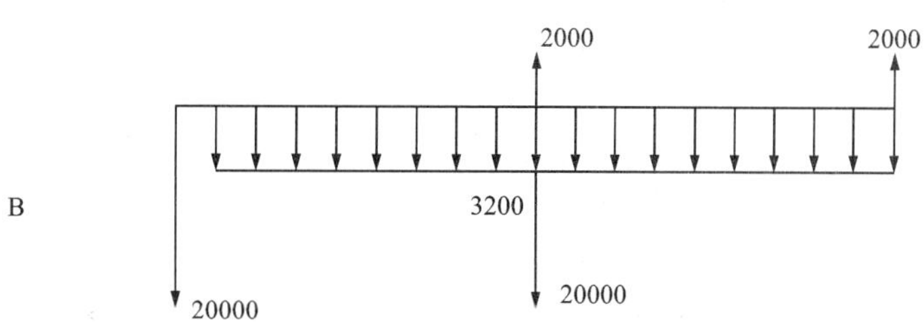

图 5-4 现金流量图

计算得：$NPVA = -45036 \quad NPVB = -44565$

所以，B 较优。

(2)研究期法

研究期法就是在寿命期不相等的互斥方案中直接选取一个适当的分析期作为各个方案共同的计算期，并通过比较各个方案在该计算期内的净现值来对方案进行比较。以净现值最大的方案为最佳方案。其中，计算期的确定要综合考虑各种因素。在实际应用中，为简便起见，往往会直接选取诸方案中最短的计算期为各个方案共同的计算期，所以研究期法又称最小计算期法。

5.4.2 独立方案的比较和选择

1. 独立方案选择概述

对于独立方案，如果资金对所有项目都不构成约束，则其中的任何方案只要是可行的，那么就可以接受；如果资金不足以分配到全部可行的方案，那就需要对独立方案进行优化组合，以取得最佳的经济效益。常用的在资金约束条件下的独立方案比选方法有两种，即构建互斥方案组法和内部收益率排序法。

2. 构建互斥方案组法

构建互斥方案组法是工程经济分析的传统方法，是指在资金约束的条件下，将相互独立的方案组合合成总投资额不超过投资限额的组合方案的方法，这样各个组合方案之间的关系就变成了互斥关系，利用前述互斥方案的比较方法，就可以选择出最优的组合方案。

[**例 5-17**]两个独立方案 A 和 B，A 方案的期初投资额为 200 万元，B 方案的期初投资额为 180 万元，寿命期均为 10 年，A 方案每年的净收益为 45 万元，B 方案每年的净收益为 30 万元。若基准折现率为 10%，试判断两个方案的经济可行性。

解：本例为独立方案型，可用净现值指标判断。

$NPVA = 45(P/A, 10\%, 10) - 200 = 76.51$(万元)

$NPVB = 30(P/A, 10\%, 10) - 180 = 4.34$(万元)

两个方案都可行。但如果将两个方案进行比较，则因为 $NPVA > NPVB$，故 A 方案优于 B 方案。

3. 内部收益率排序法

内部收益率排序法是通过选取能反映投资效率的内部收益率指标，从而把投资方案按投资效率的高低顺序排列，并在资金约束条件下选择最佳方案组合，以使有限资金能获得最大效益的方法。

5.4.3 混合型方案的选择

混合型方案选择的程序如下：

①按组际间的方案互相独立、组内的方案互相排斥的原则，形成各种可能的方案组合。

②以互斥型方案的比选原则筛选组内方案。

③在总的投资限额下，以独立型方案的比选原则选择最优的方案组合。

[例5-18]现有以下4个项目(表5-7)，已知数据如下表5-7所示，折现率为15%。若资金分别为3000万元，4000万元，5000万元，6000万元，则各应选择哪些项目?

表5-7 (单位：万元)

年末	A	B	C	D
0	-1000	-2000	-3000	-5000
1	600	1000	1500	2000
2	600	1000	1500	2000
3	600	1000	1500	2000

第一步：判断各独立方案的可行性。

$NPV_B = -1000 + 600 \times (P/A, 15\%, 3) = 369.92$(万元)

$NPV_B = -2000 + 1000 \times (P/A, 15\%, 3) = 283.23$(万元)

$NPV_C = -3000 + 1500 \times (P/A, 15\%, 3) = 428.80$(万元)

$NPV_D = -5000 + 2000 \times (P/A, 15\%, 3) = -433.60$ 万元(舍)

第二步：组合互斥方案(表5-8)。

表5-8 (单位：万元)

方案组合	A	B	C	投资	*NPV*
1	1	0	0	1000	369.92
2	0	1	0	2000	283.23
3	0	0	1	3000	428.8
4	1	1	0	3000	653.15 = 369.92 + 283.23
5	1	0	1	4000	794.72 = 369.92 + 428.8
6	0	1	1	5000	708.03 = 283.23 + 428.8
7	1	1	1	6000	1077.95 = 369.92 + 283.23 + 428.8

第三步：互斥方案选择。

资金为3000万元时，选择A、B组合方案；

资金为4000万元时，选择A、C组合方案；

资金为5000万元时，选择A、C组合方案；

资金为6000万元时，选择A、B、C组合方案。

5.5 工程项目的不确定性分析

5.5.1 盈亏平衡分析法

1. 盈亏平衡分析的目的

各种不确定因素(如投资、成本、销售量、产品价格、项目寿命期等)的变化会影响投资方案的经济效果，当这些因素的变化达到某一临界值时，就会影响方案的取舍。盈亏平衡分析的目的就是找出这个临界值，并判断投资方案对不确定因素变化的承受能力，为决策提供依据。它通过对项目投产后的盈亏平衡点(或称保本点)的预测分析，帮助我们观察了该项目可承受多大的风险而不致于发生亏损的经济界限。

根据产量、成本和利润三者之间是否存在线性关系可分为线性盈亏平衡分析和非线性盈亏平衡分析，为简便起见，下面主要对线性盈亏平衡分析的原理进行阐述。

2. 销售收入、成本费用与产品产量的关系

进行分析的前提是如果按销售量组织生产，产品销售量等于产品产量。在这里，我们假定市场条件不变，产品价格为一常数。正常生产年份的总成本由可变成本是和固定成本构成的，其中固定成本与产量无关，保持不变，可变成本与产品成正比例关系，单位产品可变成本为一常数，总可变成本是产量的线性函数。

根据盈亏平衡点的定义，当达到盈亏平衡状态时，总成本费用与总销售收入相等，如果用 Q^* 表示盈亏平衡时的产量，则有

$$PQ^* = F + C_v Q^*$$

即

$$Q^* = \frac{F}{P - C_v} \tag{5-28}$$

式中：P 为产品单价；Q^* 为盈亏平衡点产量；F 为固定成本；C_v 为单位产品可变成本。

式(5－28)即为用代数法求解盈亏平衡点产量的计算公式。

如果价格是含税的，可用公式(5－29)计算盈亏平衡点产量。即

$$pQ(1-r) = F + C_v Q$$

$$Q^* = \frac{F}{(1-r)p - C_v} \tag{5-29}$$

式中：r 为产品销售税率；p 为产品含税价格。

盈亏平衡点除可用产量表示外，还可用生产能力利用率、销售价格以及单位产品变动成本等来表示。

生产能力利用率的盈亏平衡点是指项目在不发生亏损时生产能力利用率的最低限度，可用公式计算：

$$q^* = (Q^*/Q_c) \times 100\% = [F/Q_c(P - C_v)] \times 100\% \tag{5-30}$$

式中：q^* 为盈亏平衡点的生产能力利用率；Q_c 为设计年产量；q^* 值越低，项目的投资风险就

越小。

5.5.2 敏感性分析

1. 敏感性分析的目的

敏感性分析的目的就是通过分析及预测影响工程项目经济评价指标的主要因素(投资、成本、价格、折线率、建设工期等)发生变化时，这些经济评价指标(如净现值、内部收益率、偿还期等)的变化趋势和临界值，从中找出敏感因素，并确定其敏感程度，从而对在外部条件发生不利变化时投资方案的承受能力做出判断。

2. 敏感性分析的步骤

敏感性分析的步骤如下：

(1)确定分析指标

技术经济分析评价实践中，最常用的敏感性分析指标主要有投资回收期、方案净现值和内部收益率。需要注意的是，选定的分析指标，必须与确定性分析的评价指标相一致，这样才便于进行对比，说明问题。

(2)选定不确定性因素，并设定它们的变化范围

通常设定的不确定性因素有：产品价格、产销量、项目总投资、年经营成本、项目寿命期、建设工期及达产期、基准折现率、主要原材料和动力的价格等。

(3)计算因素变动对分析指标影响的数量结果

假定其他设定的不确定因素不变，一次仅变动一个不确定性因素，重复计算各种可能的不确定因素的变化对分析指标影响的具体数值。然后采用敏感性分析以计算表或分析图的形式，把不确定因素的变动与分析指标的对应数量关系反映出来，以便于测定敏感因素。

(4)确定敏感因素

敏感因素是指能引起分析指标产生相应较大变化的因素。测定某特定因素敏感与否，可采用两种方式进行。

①相对测定法，即设定要分析的因素均从基准值开始变动，且各因素每次的变动幅度相同，比较在同一变动幅度下各因素的变动对经济效果指标的影响，就可以判别出各因素的敏感程度。

②绝对测定法，即设各因素均向降低投资效果的方向变动，并设该因素能达到可能的“最坏”值，然后计算在此条件下的经济效果指标，看其是否已达到使项目在经济上不可取的程度。如果项目已不能接受，则该因素就是敏感因素。绝对测定法的一个变通方式是先设定有关经济效果指标为其临界值，如令净现值等于零，令内部收益率为基准折现率，然后求待分析因素的最大允许变动幅度，并与其可能出现的最大变动幅度相比较。如果某因素可能出现的变动幅度超过了最大允许变动幅度，则表明该因素是方案的敏感因素。

(5)结合确定性分析进行综合评价，选择可行的比选方案

寻求对主要不确定因素的变化不敏感的比选方案。

5.5.3 概率分析

1. 基本原理

概率分析就是通过研究各种不确定性因素发生不同幅度变动的概率分布及其对方案经济效益的影响，并做出概率描述，从而对方案的风险情况做出比较准确的判断。

2. 分析方法——决策树分析法

(1)决策树分析的基本原理

决策树分析法用于方案的选择比较。分析在不同的自然状态下如何选择方案。

决策树分析法的条件：存在决策者希望达到的目标(如收益最大或损失最小)；存在两个及以上的选择方案；存在两种以上的自然状态；各种方案在不同自然状态下的损益值可以计算出来。

(2)决策树的组成

①决策树由不同的节点和概率分枝组成。

②决策点表示为“□”，从决策点向右引出若干条直线，这些直线叫作方案枝，表示为“——”。

③状态点表示为“○”，位于每个方案枝末端，从自然状态点引出的代表各自然状态的分枝，称为概率分枝，表示为“——”。

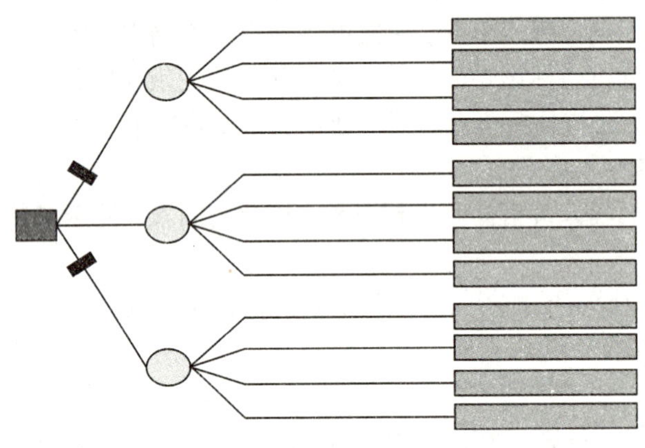

图5－4 决策树示意图

(3)方案选择准则

(1)期望值最大的原则：用节点的期望值进行比较。

(2)方差最小的原则。

(4)决策树分析法的解题步骤：

①列出方案。通过资料的整理和分析，提出决策要解决的问题，针对具体问题列出方案，并绘制成表格。

②根据方案绘制决策树。绘制决策树的过程，实质上就是拟订各种抉择方案的过程，是

对未来可能发生的各种事件进行周密思考、预测和预计的过程，也是对决策问题一步一步深入探索的过程。决策树按从左到右的顺序绘制。

③计算各方案的期望值。它是按事件出现的概率计算出来的可能得到的益损值，而并不是肯定能够得到的益损值，所以又叫期望值。计算时从决策树最右端的结果点开始。

期望值 = ∑(各种自然状态的枝率 × 收益值或损失值)

④方案选择即决策。在各决策点上比较各方案的益损期望值，以其中的最大者为最佳方案。在被舍弃的方案分枝上画两杠表示剪枝。

5.6 价值工程

5.6.1 价值工程概论

价值工程(value engineering)，简称 VE，于 1947 年前后起源于美国。价值工程是以最低的全寿命周期成本，着重对产品或服务进行功能分析，可靠地实现产品或服务的必要功能，从而提高产品或服务价值的一种具有集体智慧的和有组织的活动。

价值工程立足于产品应提供用户所要求的效用，从研究功能出发，利用集体的智慧，找出如何合理地利用人力与物力资源，利用时间和空间资源，为用户提供其所希望得到的价廉物美的产品或服务。

价值工程中的价值是指被当作衡量物品(事物或产品)有益程度的一种尺度，或者是物品的效用(功能)与费用(成本)的比值。功能是对象能够满足某种需求的一种属性。价值工程的成本是指寿命周期成本，包括产品从研究、设计、制造、销售、使用直到报废为止的整个期间的全部费用。

由于用户对产品的需求不同，不同产品所具有的功能也不同，从而形成了不同的产品为不同的消费群体提供不同的价值，以满足他们的不同需求的市场格局，也形成了价值、质量和价格的相互关系，这种关系可以用产品的价值 V 来表示，即

$$V = F/C$$

式中：F 为功能，C 为成本。

提高 V 的途径有以下几种：

①功能不变，降低成本；

②成本不变，提高功能；

③功能提高，成本降低；

④成本略有提高，功能有更大的提高；

⑤功能略有下降，成本有更大的下降。

价值工程的内涵包括以下几个方面：

①价值工程的目标是以最低的全寿命周期成本可靠地实现产品必须具备的功能，它是将产品的价值、功能、成本作为一个整体来考虑的。

②价值工程所研究的成本是产品的全寿命周期成本。全寿命周期成本是指产品从研发、设计、制造、使用直至报废为止的整个寿命周期所发生的全部费用，一般来说，主要包括生产成本、使用成本和维护成本等。

③价值工程所研究的功能是用户所承认、所需要的必要功能，而不是设计者或生产者主观想象的一些不必要的功能。从价值工程的观点来看，产品的功能不足和功能过剩，都会影响经济效果，所以着眼点应放在满足用户所需要的必要功能上。

④功能分析是价值工程的一种重要手段，也是价值工程的核心。功能分析就是针对产品或零部件，系统地分析和比较它们的功能，去除掉不必要的功能和过剩的功能，改善必要功能的价值，从而达到以最低的成本可靠地实现必要功能的目的。

⑤价值工程的本质是一种以集体智慧开展的有组织、有计划的管理活动。提高产品价值的过程涉及多方面、多学科的知识和经验，因此，只有依靠各方面的专家和人才，才能取得成功。此外，价值工程不仅仅是组织各种人员集体开展智慧的活动，也是需要组织价值工程的活动，即按照一定的计划和程序开展。只有通过这样的组织管理，价值工程才能见效。

5.6.2 价值工程的分析过程

价值工程是一项有组织的管理活动，涉及面广，研究过程复杂，必须按照一定的程序进行。

价值工程的工作程序是：

①对象选择。在这一步应明确研究目标、限制条件及分析范围。

②组成价值工程领导小组，并制订工作计划。

③搜集与研究对象相关的信息资料。此项工作应贯穿于价值工程的全过程。

④功能系统分析。这是价值工程的核心，应通过功能系统分析明确功能特性的要求，弄清研究对象各项功能之间的关系，调整功能间的比重，使研究对象的功能结构更加合理。

⑤功能评价。分析研究对象各项功能与成本之间的匹配程度，从而明确功能的改进区域及改进思路，为方案创新打下基础。

⑥方案创新及评价。在前面功能分析与评价的基础止，提出各种不同的方案，并从技术、经济和社会等方面综合评价各方案的优劣，选出最佳方案，将其编写为提案。

⑦由主管部门组织审批。

⑧方案实施与检查。制订实施计划，组织实施，并跟踪检查，对实施后取得的技术经济效果进行成果鉴定。

价值工程的工作步骤分为 3 个阶段、8 个步骤，并针对性地提出了 7 个问题，如表 5－9 所示。

表 5－9 价值工程的工作程序

工作阶段	具体步骤	价值工程的问题
分析问题	1. 选择对象 2. 搜集资料 3. 进行功能分析	1. 这是什么？ 2. 它是干什么的？ 3. 它的成本是多少？ 4. 它的价值是多少？
综合研究	4. 进行功能评价 5. 提出改进方案	5. 有无其他方案实现这个功能？

续表 5-9

工作阶段	具体步骤	价值工程的问题
方案评价	6. 评价与选择方案 7. 试验证明 8. 决定实施方案	6. 新方案成本是多少? 7. 新方案能满足要求吗?

价值工程的分析方法可分为定性和定量两种。

1. 定性分析方法

(1)经验分析法

经验分析法是依靠价值工程人员的经验和知识来选择和确定分析对象的方法。

(2)寿命周期分析法

通过分析产品所处寿命期的不同阶段，找出提高产品价值、增加销售量的途径，从而选择价值工程对象，确定价值分析目标。

①对于处在投入期的新产品，价值工程活动的重点是使产品的功能和成本尽可能满足用户的要求。

②对于处在发展期的产品，价值工程活动的重点是改进产品的工艺和物资供应条件，增加产量并扩大销量。

③对于处在成熟期的产品，重点是降低成本和提高功能，增强产品竞争能力，并尽快开发新产品。

2. 定量分析方法

(1)ABC 分类法

ABC 分类法是按照局部成本在总成本中的比重大小来选择价值工程对象的，基本原理就是在选择价值工程对象时，分清主次轻重，区别关键的少数和次要的多数，并根据不同的情况进行分类对待。ABC 分类法的具体步骤为：

①将所有研究对象按其成本由多到少地进行排列编号。

②计算每个研究对象的累计个数占全部研究对象总数的百分比。

③计算研究对象的累计成本。

④计算累计成本占总成本的百分比。

⑤按 ABC 分类法的分类原则进行分类。

⑥画出 ABC 曲线图。

⑦将 A 类作为价值工程的主要研究对象。

(2)强制确定法(FD)

强制确定法是以功能重要程度作为选择价值工程对象决策指标的一种分析方法。它的出发点是：功能重要程度高的零部件是重点分析对象。

强制确定法分为 0~1 评分法和 0~4 评分法，评分时由 5~15 位专家参加，独立打分。

①0~1 评分法。零件两两比较，相对重要的得 1 分，不重要的得 0 分。最后对得分总值进行修正，用修正值作为计算功能重要系数的参数。

②0 ~4 评分法。评分规则为：功能非常重要的零件得 4 分，另一个相对很不重要的得 0 分；功能比较重要的零件得 3 分，另一个比较不重要的得 1 分；功能相同的两个零件各得 2 分；功能很不重要的零件得 0 分，另一个相对很重要的得 4 分。

(3)价值系数法

价值系数法是根据零件的功能重要程度进行评分，并确定功能评价系数和成本系数进而确定价值系数，并据此选择价值工程对象的分析方法。

①确定产品零件的功能评价系数。

某零件的功能评价系数 FI = 该零件的功能分数/全部零件功能总分数

②算出各零件的成本系数。

某零件的成本系数 CI = 该零件的成本/全部零件总成本

③算出各零件的价值系数。

某零件的价值系数 VI = 该零件的功能评价系数/该零件的成本系数

④根据价值系数对零件进行分析评价，选择价值工程对象。当 $VI=1$ 时，表示功能与成本相当，不需要进行价值分析；当 $VI>1$ 时，首先分析是否存在过剩的功能，并予以消除，否则应该适当增加成本；当 $VI<1$ 时，应该将其作为价值工程的研究对象。

5.6.3 价值工程的应用

价值工程的应用主要是在以下两个方面：一方面是用于改进具体的产品、物品或零部件，如改进(包括研制、设计等)某种产品、军部件、材料等，这一方面被称为硬件领域；另一方面是用于改进工作方法，如改进一个作业方案、工序、管理方法，工作程序等，这一方面被称为软件或软科学领域，是价值工程未来的发展方向之一。

近年来，价值工程在建设工程领域中的应用日益增多，房屋建筑、水利水电工程、公路桥梁等各种建设工程都有涉及价值工程的应用。目前，在建设工程领域中，价值工程主要应用于建设工程前期多一些，如可行性研究、方案优选、设计阶段等。其在施工阶段也在逐渐推行，如将价值工程应用于施工方案的设计等。

复习思考题

1. 什么是工程经济学?
2. 什么是资金的时间价值?
3. 什么是现金流量?
4. 什么是利息? 什么是利率?
5. 什么是单方案评价?
6. 什么是静态评价指标?
7. 简述增量分析法的基本步骤。
8. 简述不确定性产生的原因。
9. 简述敏感性分析的一般步骤
10. 简述提高价值的途径。
11. 简述价值工程的实施步骤。

12. 假如某公司 10 年后一次偿还银行贷款 40 万元，年利率 10%，问该企业现在可从银行贷款多少万元？

13. 某企业 6 年后需要 20 万元作为技术改造费用，年利率为 10%。若每年年末存入相同数量的金额，则每次应存入多少基金？

14. 某工程项目在 0 年投资 100 万元，第一年投资 150 万元，在第二年末有净收入 30 万元，从第三年以后每年的净收入均为 80 万元。求：

(1)静态投资回收期；

(2)动态投资回收期(基准收益率为 10%)。

15. 现有四个互斥的投资方案现金流量如表 5 – 10 所示，年利率为 15%。

表 5 – 10

方案	A1	A2	A3	A4
0 年末	–5000	–10000	–8000	–7000
1 ~ 10 年末	1200	2100	1700	1300

试用增量净现值法进行方案选优。

16. 现有两互斥方案，其现金流量如下表 5 – 11 所示。设基准收益率 i_c 为 10%，试用净现值 NPV 评价方案。

表 5 – 11

方案	净现金流量(万元)				
	0	1	2	3	4
1 方案	–7000	7000	2000	6000	4000
2 方案	–4000	1000	1000	3000	3000

第 6 章 建设安装工程招投标及合同管理

6.1 建设安装工程招投标管理

6.1.1 建设安装工程招投标制度

1. 工程招投标制度的基本概念

招投标制度作为一种采购方式和一种签订合同的程序，在国际国内贸易中被普遍采用，是目前公认的一种成熟且可靠的交易方式。我国工程建设行业在经历了几十年的任务行政分配体制以后，在 1981 年开始试行招投标制，并于 1984 年在全国范围内推广。经过近 20 年的探索、实践和总结，成就了我国整个招投标领域的基本法，即 2000 年 1 月 1 日生效的《中华人民共和国招投标法》(以下简称《招投标法》)。随着市场竞争机制的发展，我国工程建设领域的招投标制度将不断完善，招投标的领域将继续拓宽，招投标的规范化程度也将进一步提高。工程项目的建设开始逐渐实现运用竞争机制来体现价值规律的科学管理模式。

(1)招标人

招标人是指依照《招投标法》规定提出招标项目并进行工程建设的勘察、设计、施工、监理以及与工程建设有关的重要设备、材料等招标的法人或者其他组织。招标人可以是各级政府的专业部门或政府委托的资产管理部门，也可以是工厂、学校、房地产开发公司等企事业单位或其他组织。

招标人在招标过程中的主要工作内容有：提出和确定拟招标项目的范围，确定招标方式和招标内容，办理相关的审批手续，确定自行招标还是委托代理机构进行招标，编制招标文件，对潜在投标人进行资格审查，组织现场踏勘以及开标和评标工作，确定中标人并签订合同等。同时还要全面负责建设项目的策划、落实项目资金的来源、勘察设计、工程施工、工程竣工使用、归还贷款等工作。

招标人具有编制招标文件和组织评标的能力的，可以自行办理招标事宜。具体要求如下：

①具有项目法人资格(或者法人资格)；

②具有与招标项目规模和复杂程度相适应的工程技术、概预算、财务和工程管理等方面的专业技术力量；

③有从事同类工程建设项目招标的经验；

④设有专门的招标机构或者拥有3名以上专职招标业务人员；

⑤能熟悉和掌握《招投标法》及有关的法规和规章。

招标人不具备自行组织招标条件的，应当委托具有相应资格的招标代理机构来进行招标；但招标人如果满足自行招标的要求，任何单位和个人都不得强制其委托招标代理机构来办理招标事宜。根据《招投标法》的规定，招标人有相应的权利和义务以及法律责任，这里不一一列举。

(2)投标人

投标人是指响应招标，参加投标竞争的法人或者其他组织。主要是勘察、设计、施工、监理、材料设备制造等单位，或者材料设备的经销者、代理商。投标人既可以是一个法人或组织，也可以是两个以上的法人或者组织组成的一个联合体，以一个投标人的身份共同投标。

所有对招标公告或投标邀请书感兴趣且有可能参加投标的组织，都可以称之为潜在投标人。其中响应招标并购买招标文件、参加投标的就是投标人。投标人应当具备承担招标项目的能力并符合招标文件规定的资格条件。此外，投标人还应具备下列条件：

①有与招标文件要求相适应的人力、物力和财力；

②有招标文件要求的资质证书和相应的工作经验及业绩证明；

③法律、法规规定的其他条件。

投标人在招标过程中的主要工作内容有：首先依据招标要求和自身条件决定是否参加投标；然后准备投标资料和资格预审资料等，并编制投标文件，若中标则与招标人签订书面合同。

根据《招投标法》的规定，投标人有相应的权利和义务以及法律责任，这里不一一列举。

(3)招投标活动

招投标活动是指招标人(也称业主或发包方)对所需要的货物、工程或服务事先公布采购要求和条件，吸引若干个投标人(也称卖方或承包方)来参加竞争，就业主的要求和条件进行投标报价，并按规定程序选择交易对象的行为。

(4)招标采购对象

招标采购对象是货物、工程或服务。货物是指各种各样的物品，包括原材料、产品、设备等，以及由供应货物所附带的服务。工程在这里专指各种土木建筑工程、装饰装修工程、设备安装工程、市政工程、园林绿化工程等的建设及其附带的服务。服务是指除货物和工程以外的采购对象，例如勘察、设计、咨询、施工、监理等。

(5)招标

招标是指招标人根据自己的需要，提出招标项目和条件，公开向社会或几个特定的卖方发出投标邀请的行为。在建筑设备工程中，招标人会以文件形式表明建设工程项目的需要和各种内容、条件，并由符合条件的卖方按照文件内容和要求提出自己的价格等来参与竞争。招标是一项有组织的采购活动，是为了在更广泛的范围内选择合适的承包方。

(6)投标

投标是指投标人接到招标通知后，根据要求填写编制投标文件，并将投标文件送达招标人的行为；还是工程承包方根据招标要求提出自己的价格和条件，由发包方选择，并希望获得承包权的活动。所以说投标是利用商业机会进行竞卖的活动，其既是价格的竞争，也是技术力量和管理实力等多方面的竞争。

(7)开标

开标是招标人在预先规定的时间和地点召开会议，邀请公证监督和各投标人代表参加，按法定的程序正式启封揭晓投标文件，公开宣布投标人的名称、投标价格及投标文件中的其他主要内容，并加以记录和认可的过程。

(8)评标

评标是由招标人确定的评标委员会根据招标文件和有关法规的要求，对所有投标文件进行审查、评估和排序，并推荐出中标候选人的过程。评标过程要按招标要求，对投标文件中的投标价格、质量、期限、商务条件等进行全面的审查，择优选择。

(9)定标

定标是招标人在评标的基础上，最终确定中标人的行为。对招标人而言，定标就是授标，对投标人而言则是中标。招标人应向中标单位发出中标通知书表示接受其投标报价及有关条件，并通知其他所有未中标的投标人。

2. 工程招投标制度的意义

招投标制是市场经济体制下的择优竞争机制，是一种有规范的、有约束的竞争活动，是建筑业和基本建设管理体制的重大改革。工程招投标能规范工程建设市场，保证工程建设质量，保护国家利益、社会公共利益和当事人的合法权益。具体作用体现在以下四个方面：

(1)规范了工程建设的竞争机制，有利于公平竞争

招投标有一套严格的程序和实施方法来保证公平竞争。工程招标过程中对设计、施工、设备材料采购、竣工验收等都有明确说明，招标人的选择是根据各投标人的价格水平、质量标准、技术水平、服务水平等综合确定的。所有投标人之间都是平等、正当、合法的竞争关系。

(2)有利于引进先进技术和管理经验，提高工程建设单位的竞争能力

招投标制的推行，能使国外发达国家的工程建设单位进来参与国内项目的竞争，国内的单位也希望走出国门去参与海外项目的竞争。竞争是全方位的，为了在公平竞争中有一席之地，建设单位通过参与投标，能了解和熟悉国际惯用的衡量标准，不断引进国内外单位的先进技术和管理经验，提高各方面的竞争能力。

(3)可以促使业主更好地准备工程前期工作并获得更充分的市场利益

招投标制的推行，使得业主(招标人)掌握着选择投标人和工程投资决策等大权。招标人对工程前期的规划、资金来源、招标文件、合同条件等准备工作必须落实以后才能进行招标工作。促使业主做好工程前期工作，使项目招标后能顺利实施。此外公开招标也使得竞争范围扩大，使招标人有可能以更低的价格采购到所需要的货物、服务或付出更少的工程建设资金，使项目更早地投入使用，更充分地获得市场利益。据有关资料显示，凡实行招标的建筑安装工程，造价平均降低了6% ~8%。

(4)有利于工程建设保质保量地如期完成

招投标制的推行，将采购活动公开、公平、公正地进行，有效防止了腐败行为的发生，能选择出真正符合要求的承包人，使工程项目的质量、工期等都得到保证。

3. 工程招标方式的分类

《招投标法》确定的招标方式为公开招标和邀请招标，这两种方式是世界各国主要采用的招标方式。但我国工程建设范围庞大、种类众多，目前的招标方式主要有公开招标、邀请招标、两阶段招标和议标四种。

(1)公开招标

公开招标是一种无限竞争性招标，由招标人通过国家指定的报刊信息网络或者其他媒介发布招标公告，邀请不特定的法人或者其他组织投标。招标公告上应当说明招标人的名称、地址和招标工程项目的名称、性质、规模、实施地点、建筑结构与设备安装特征、质量要求、招投标日期等事项。对投标单位数量没有限制，凡有意承包该工程项目并符合规定条件的承包商都可以参加投标，从而让符合资格要求的承包商能公平竞争、打破垄断，减少暗箱操作现象。也使招标单位有较大的选择范围，能在众多投标单位中择优选取报价合理、工期较短、信誉良好的承包单位。公开招标方式被认为是最系统、最完整和最规范的招标方式，其他招标方式都是参照公开招标方式来进行的。

但公开招标也存在一些缺点。投标单位多，使得招标单位对投标人的资格预审和投标文件审查的工作量较大，需要的时间较长，相应产生的招标成本也大。另外，由于参加竞争的投标人多，投标费用也增多，为了减少损失，投标人会将投标费用转嫁到报价上，并最终由招标单位负担。

也有依法必须进行招标的项目，如全部使用国家资金投资或者国家资金投资占控股或者主导地位的应当公开招标。一般适合于大中型建设项目。

(2)邀请招标

邀请招标是一种有限竞争性招标或叫作选择性招标，是由招标人以投标邀请书的方式邀请特定的法人或者其他组织投标的招标方式。

招标单位不公开刊登公告，而是根据过去与承包商合作的经验或咨询机构提供的情况等，有选择地直接邀请若干个信誉良好、技术力量雄厚、对投标项目有经验的承包单位前来投标。相对公开招标，参加投标的单位数量少，因此招标的时间较短，招标费用较少。但在竞争的公平性和投标报价方面存在不足，由于竞争对手少，招标往往人难以获得理想的报价，并且不符合自由竞争、机会均等的原则。

为了克服公开招标的缺陷并减少邀请招标的不足，《招投标法》规定：国家重点项目和省、自治区、直辖市的地方重点项目不适宜公开招标的，经国务院发展计划部门或者省、自治区、直辖市人民政府批准，可以进行邀请招标。采用邀请招标方式的，应当向三个以上具备承担招标项目能力、资信良好的特定法人或者其他组织发出投标邀请书，邀请对象以5~7家为宜。

投标邀请书的内容应与公开招标公告的内容相同。邀请招标一般适用于工程规模较小，没必要公开招标的，或者规模大、专业性强，只有少数单位有承包能力的工程。

(3)两阶段招标

两阶段招标是无限竞争性招标和有限竞争性招标相结合的一种招标方式。第一阶段通过公开招标，邀请投标人提交根据概念设计或性能规格编制的不带报价的技术建议书，进行资格预审和技术方案比较，经过开标、评标，淘汰不合格者，这是非价格竞争阶段。第二阶段由合格的承包者提交最终的技术建议书和带报价的投标文件，再经过开标、评标，选择理想的投标人并签订合同，这是关键性的价格竞争阶段。

两阶段招标适用于内容复杂的大型工程项目或“交钥匙工程”。

(4)议标

议标是一种非竞争性招标，也叫作直接委托方式。由招标单位直接向一个或几个承包单位发出招标通知，通过协商谈判，就招标条件、要求和价格等达成协议。议标通常不进行资格预审，也不需开标，但谈判双方仍受到市场价格及国际惯例的制约。

议标适用于总价较低、专业性强、工期要求紧(抢险救灾)、工程性质特殊(如涉及国家安全、由于保密不宜招标)；或设计资料不完整，需要承包单位配合；或主体工程的后续工程等项目。有时也用于专业设计、监理、咨询或专用设备的安装和维修等项目。

4. 工程招投标制度的程序

工程建设已经形成了一套比较固定的招投标程序，当建设单位和建设项目具备了必要的招标条件以后，就可以按照规定的程序进行招投标。不同招投标方式的程序不尽相同，下面以公开招标为例来说明招投标的程序。

建设单位有招标项目时，提出招标申请，经建设行政主管部门审查批准后，才能进入工程招标过程。招投标程序是指从招标人开始提出招标要求和条件、投标人准备投标、直到确定中标单位和签订施工合同的全部工作环节。这些程序有的由招标人单方面进行，有的由投标人单方面完成，有的则由招标人和投标人共同完成。

(1)编制招标文件

建设项目的立项文件获得批准后，招标人需要向建设行政主管部门履行报建手续并选择招标方式。招标文件应由符合招标条件的建设单位自行编制或委托招标代理机构编制。其包括的主要内容有：投标须知，招标项目的综合说明和招标工程范围说明，招标工程的技术要求和设计文件，采用工程清单招标需提供的工程量清单，拟签订合同的主要条款，要求投标人提交的其他材料等。

(2)编制标底

标底是招标单位给招标工程制定的预期价格，是招标工作的核心文件，也是择优选择承包单位的重要依据。由招标人根据项目的招标特点，预设标底进行有标底招标，也可以不设标底进行无标底招标。需要标底的就编制标底。由招标人自行编制或委托经建设行政主管部门批准的具有编制工程标底资格和能力的中介咨询服务机构代理编制。国家规定，标底在开标前必须严格保密，如有泄漏，对责任者要严肃处理，甚至法律制裁。

(3)发布招标公告

在国家和省、自治区、直辖市规定的报刊或信息网等媒介上公开发布招标公告，邀请有投标意向的单位申请资格预审。从发布招标公告或发出招标邀请函开始，到投标截止日期的期间称为招投标阶段，招标人应当合理确定投标人编制投标文件所需的实际时间，一般不得少于20天。这期间投标人要进行项目筛选，并确定是否参与竞争，如果参与就要按照规定程序和要求进行投标报价。

(4)投标单位资格预审和发放招标邀请书

投标申请人要按照资格预审文件要求的格式，如实填报相关内容，并递交资格预审资料。招标人则据其考查该企业的总体能力，使参与投标的法人或其他组织在资质和能力方面满足招标工作的要求。然后招标人据此向资格预审合格的投标人发放招标邀请书，投标人应以书面形式确认是否参加投标。

(5)招标文件的发售

招标人根据项目特点和需要编制招标文件，并按招标邀请书规定的时间和地点，向合格的投标人发售招标文件、图纸和有关资料，投标人收到核对无误后以书面形式予以确认。

(6)组织踏勘现场和答疑

招标人在投标须知规定的时间组织投标人进行实地考察，让投标人了解现场场地情况和施工条件以及现场周围的环境条件等，便于投标书的编制和投标策略的确定，也避免在合同履行过程中投标人以不了解现场情况为由推卸其应承担的合同责任。

招标人应在规定的时间(投标预备会或答疑会)以书面形式解答投标人对招标文件和现场中不清楚的问题。招标人对已发出的招标文件所做的任何澄清或修改，都应在提交投标文件截止日期的15日前进行书面通知，投标人也应书面确认。招标文件的澄清或修改内容视为招标文件的组成部分。

(7)投标

投标人应在充分研究招标文件的基础上，经过工程量核实、施工组织设计编制、计算报价等工作来编制投标文件。完整的投标文件一般包括：投标函、投标保证金、投标报价表、法人代表授权书、投标企业资格证明、施工方案或施工组织设计、合同或商务响应条款、附件和其他资料。

装订成册并密封的投标文件应在投标截止时间前按规定的时间、地点递交，招标人则应出具签收凭证并妥善保存。开标前，任何单位和个人均不得开启，但投标截止时间之前，投标人可以撤回或修改，然后按要求密封、递交。规定投标时间以后递交的投标文件不予接收或原封退回。

(8)开标

开标会议由招标单位主持，在招标文件规定的地点、投标截止时间的同时公开进行，评标委员会全体成员、公证部门、所有投标人的法定代表人或授权代理人都要签到出席。首先当众宣读无效标和弃权标的规定，核查投标人提交的证件并在确认投标文件的密封情况后启封。按报送投标文件的先后顺序唱标，当众宣读有效投标的投标人名称、投标报价、工期、质量等必要内容。投标人对招标人记录的唱标内容要签字确认。

开标时，如果投标文件中出现缺少印章、关键内容模糊不清等符合无效标规定的现象，则作为无效投标文件，不得进入评标阶段。

(9)评标

评标由招标人组建的评标委员会按招标文件中明确的评标方法进行。评标委员会是由建设行政主管部门及其他有关政府部门或招标机构等确定的专家临时组织，成员人数应为五人以上的单数，其中技术、经济、法律等方面的专家人数不得少于评标委员会总人数的2/3。

按照招标文件规定的评标方法，首先对投标文件进行符合性鉴定，不响应或不符合招标文件要求的投标会被确认为无效标。然后对响应招标文件要求的投标进行商务标和技术标的评审，包括报价、工期、施工组织设计等内容。最后对投标人的以往业绩、社会信誉、财力等其他因素进行综合评审并编写评估报告，按顺序推选出 1 ~3 个中标候选人。

(10)定标并签订合同

招标单位根据评标结果分别与中标候选人会谈，即双方签订合同前的谈判，进一步考察投标人的实力和投标书中施工组织设计的可行性，选择最优和最可靠的投标人作为中标人。15 日内，将招投标情况的书面报告和有关招投标情况的备案资料以及中标人的投标文件向建设行政主管部门备案。建设行政主管部门自接到资料之日起 5 个工作日内未提出异议的，招标人可向中标人发放中标通知书，并在恰当的时间通知未中标人。

自中标通知书发出之日起的 30 日内，招标人和中标人应按照招标文件和投标文件签订书面合同，中标人应按招标文件要求提交履约保证金。中标人在规定的时间内拒绝提交履约保证金和签订合同的，可由招标人报请招标管理机构批准后取消其中标资格，并按规定没收其投标保证金，同时考虑与排在其顺序后的中标候选人签订合同。

招标人与中标人签订合同前，应到建设行政主管部门或其授权单位进行合同审查。合同签订后，招标人应及时通知投标未被接受的其他投标人，并在签订合同 5 个工作日内，按要求退还投标保证金和投标文件，因违反规定被没收的投标保证金不予退回。建设安装工程招投标是一项复杂而又细致的工作，招投标的程序及其相互关系见图 6 - 1。

6.1.2 工程施工发承包模式

招投标承包制是指通过招标选定建筑工程承包单位的一种经营方式。目前，我国建筑商品大多数都是通过承发包的方式进行经营的，这种方式主要利用招投标和工程合同来建立供需双方的经济关系和权利、义务关系。工程承发包是一种商业行为，交易双方为项目业主和承包商，常见的施工任务委托有施工平行发承包、施工总承包、施工总承包管理、施工总包和施工分包五种模式。

1. 施工平行发承包

(1)施工平行发承包的含义

施工平行承发包，是指发包方根据建设工程项目的特点、项目进展情况和控制的要求等因素，将建设工程项目按照一定的原则分解，将其施工任务分别发包给不同的施工单位，各个施工单位再分别与发包方签订施工承包合同的方式。

平行承发包的一般工作程序为：施工图设计完成→施工招投标→施工→完工验收。一般情况下，发包人在选择施工承包单位时通常会根据施工图进行施工招标，即施工图设计已经完成，每个施工承包合同都可以实行总价合同。

(2)施工平行发承包的特点

①费用控制。对每一部分工程施工任务的发包，都以施工图设计为基础，投标人进行投标报价比较有依据，工程的不确定性程度降低了，对合同双方的风险也相对降低了；每一部分工程的施工，发包人都可以通过招标选择最好的施工单位承包，对降低工程造价有利；对业主来说，要等最后一份合同签订后才知道整个工程的总造价，对投资的早期控制不利。

②进度控制。某一部分施工图完成后，即可开始这部分工程的招标，开工日期提前，可以边设计边施工，缩短建设周期；由于要进行多次招标，业主用于招标的时间较多；工程总进度计划和控制由业主负责；由不同单位承包的各部分工程之间的进度计划及其实施的协调

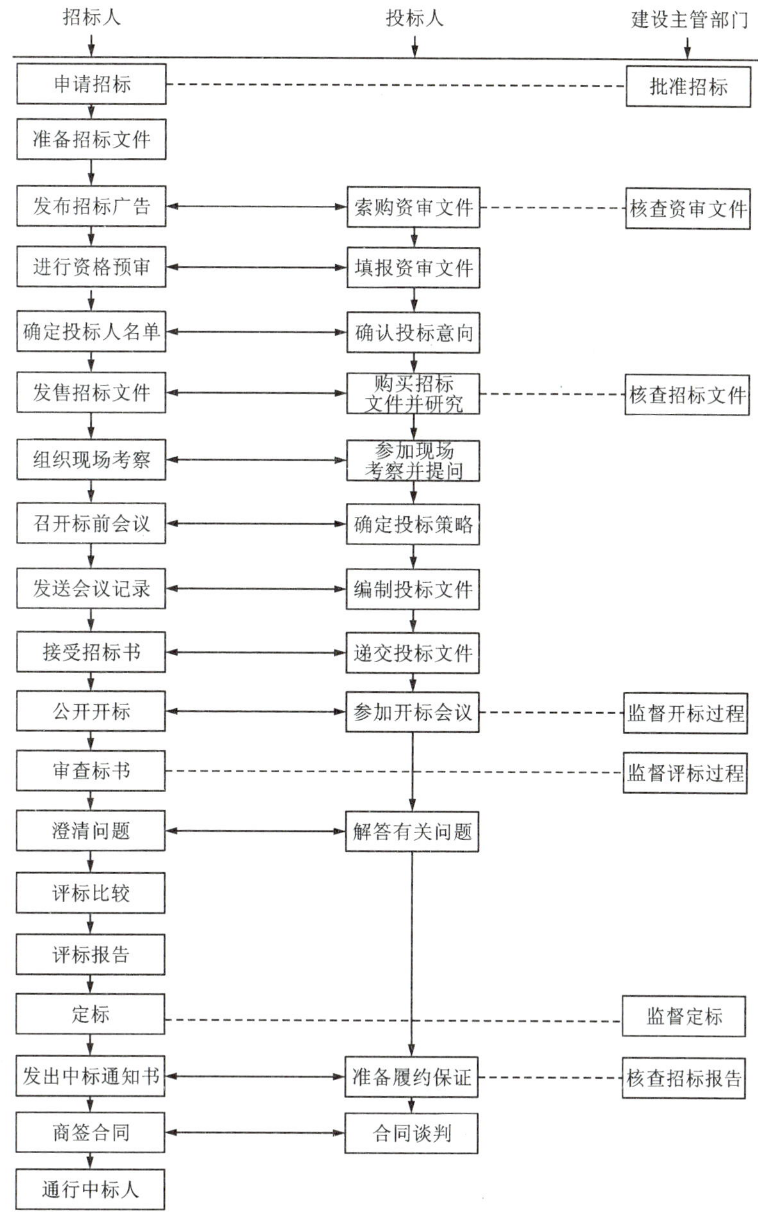

图6-1 建设安装工程招投标程序

由业主负责，业主的管理风险较大。

③质量控制。符合质量控制上的“他人控制”原则，对业主的质量控制有利；但合同界面比较多，应非常重视各合同之间界面的定义，否则会对质量控制不利。

④合同管理。业主要负责所有施工承包合同的招标、合同谈判、签约等，招标及管理工作量大，对业主不利；业主在每个合同中都有相应的责任和义务，签订的合同越多，业主的责任和义务就越多；业主要负责对多个施工承包合同的跟踪管理，合同管理工作量较大。

⑤组织与协调。业主直接控制所有工程的发包，可决定所有工程的承包商的选择；业主要负责对所有承包商的管理及组织协调，承担类似于总承包管理的角色，工作量大，对业主不利；业主方可能需要配备较多的人力和精力进行管理，管理成本高。

(3)施工平行发承包的作用

①当项目规模很大时，不可能只选择一个施工单位进行施工总承包或施工总承包管理，也没有一个施工单位能够进行施工总承包或施工总承包管理；

②由于项目建设的时间要求紧迫，业主急于施工，来不及等所有的施工图全部出齐，只有边设计、边施工；

③业主有足够的经验和能力应对多家施工单位；

④将工程分解发包，业主可以尽可能多地照顾各种关系。

【例题 6-1】关于施工平行发承包模式下进度控制的说法，正确的是(　　)。

A. 需全部施工图完成后才能进行招标，对进度控制不利

B. 业主用于平行发承包的招标次数少，有利于进度控制

C. 部分施工图完成后即可进行该部分的招标，有利于缩短建设周期

D. 业主直接协调不同单位承包的工程进度，因此业主的进度控制风险小

【答案解析】C。本题考查的是施工平行发承包模式。选项 A，某一部分施工图完成后，即可开始这部分工程的招标；选项 B，由于要进行多次招标，业主用于招标的时间较多；选项 D，业主直接抓各个施工单位似乎控制力度很大，但矛盾集中，业主的管理风险大，进度控制风险也不小。

2. 施工总承包

施工总承包，是指建筑工程发包方将施工任务(一般指土建部分)发包给具有相应资质条件的施工总承包单位。根据《建筑法》规定：大型建筑工程或者结构复杂的建筑工程，可以由两个以上的承包单位联合共同承包。施工总承包一般包括土建、安装等工程，原则上工程施工部分只能有一个总承包单位，装饰、安装部分则可以在法律条件允许下分包给第三方施工单位，如果双方在施工的过程之中，受到了另外一家施工单位的干扰，可以向建设单位索赔因施工干扰而降低效率的费用，或者直接收取施工配合费、管理费等其他费用。在建筑工程中一般来说土建施工单位即是法律意义上的施工总承包单位，土建施工单位负责整个建筑工程的建设与服务，如果存在分包工程也要负责包括提供水电接口、提供垂直运输、土建收口、施工脚手架、竣工资料归档、成品保护、平行交叉影响、铁件预埋等在内的总包单位的服务和配合管理责任。按国家规定通常计取 3% ~5% 的配合费，有时另按 5% ~20% 收取工程管理费。

(1)费用控制

费用控制包括三个方面：

①在通过招标选择施工总承包单位时，一般以施工图设计作为投标报价的基础，投标人的投标报价。

②在开工前就有较明确的合同价，有利于业主对总造价的早期控制。

③若在施工过程中发生设计变更，则可能发生索赔。

(2)进度控制

一般要等施工图设计全部结束后，才能进行施工总承包单位的招标，开工日期较迟，建设周期势必较长，对进度控制不利。这是施工总承包模式最大的缺点，限制了其在建设周期紧迫的建设工程项目中的应用。

(3)质量控制

建设工程项目质量的好坏在很大程度上取决于施工总承包单位的选择，以及施工总承包单位的管理水平和技术水平。业主对施工总承包单位的依赖较大。

(4)合同管理

业主只需要进行一次招标，与一个施工总承包商签约，招标及合同管理的工作量大大减小，对业主有利。在国内的很多工程实践中，业主为了早日开工，在未完成施工图设计的情况下就进行招标选择施工总承包单位，采用所谓的“费率招标”。“费率招标”实际上是开口合同，对业主方的合同管理和投资控制都十分不利。

(5)组织与协调

业主只用负责对施工总承包单位的管理及组织协调工作，工作量大大减小，对业主比较有利。

综上，与平行承发包模式相比，采用施工总承包模式，业主的合同管理工作量大大减小了，组织和协调工作量也大大减小，协调比较容易。但建设周期可能会比较长，对进度控制不利。

施工总承包模式的工作程序是：先进行建设项目的设计，待施工图设计结束后再进行施工总承包招投标，然后再进行施工。而如果采用施工总承包管理模式，施工总承包管理单位的招标就可以不依赖完整的施工图，当完成一部分施工图时就可对其进行招标。

3. 施工总承包管理

施工总承包管理模式是指业主方委托一个施工单位或由多个施工单位组成的施工联合体或施工合作体作为施工总包管理单位，再另委托其他施工单位作为分包单位进行施工的模式。一般情况下，施工总承包管理单位不参与具体工程的施工，但如果施工总承包管理单位也想承担部分工程的施工，它也可以参加该部分工程的投标，通过竞争取得施工任务。其特点有以下五个方面。

(1)投资控制方面

在进行对施工总承包管理单位的招标时，如果只确定施工总承包管理费，而不确定工程造价，这可能会成为业主控制总投资的风险。一部分施工图完成后，业主就可以单独或与施工总承包管理单位共同进行该部分工程的招标，分包合同的投标报价和合同价以施工图为依据。多数情况下，由业主方与分包人直接签约，但这样有可能增加业主方的风险。

(2)进度控制方面

不需要等待施工图设计完成后再进行施工总承包管理的招标，分包合同的招标也可以提前，这样就可以提前开工，有利于缩短建设周期。

(3)质量控制方面

对分包人的质量控制由施工总承包管理单位进行。分包工程任务符合质量控制的“他人控制”原则，对质量控制有利。各分包之间的关系可由施工总承包管理单位负责，这样就可以减轻业主方管理的工作量。

(4)合同管理方面

一般情况下，所有分包合同的招投标、合同谈判以及签约工作均是由业主方负责的，业主方的招标及合同管理工作量较大。对于分包人的工程款支付可由施工总包管理单位支付或由业主直接支付，前者有利于施工总包管理单位对分包人的管理。

(5)组织与协调方面

由施工总承包管理单位负责对所有分包人的管理及组织协调，这样就大大减轻了业主方的工作。这是采用施工总承包管理模式的基本出发点。

4. 施工总包

施工总承包单位和施工总承包管理单位都可以简称为"施工总包"。一个建设工程中，只能有一个"施工总包"。

建筑业企业资质分为施工总承包、专业承包和劳务分包三个序列。取得施工总承包资质的企业，可以承接施工总承包工程。施工总承包企业可以对所承接的施工总承包工程内的各专业工程全部自行施工，也可以将专业工程或劳务作业依法分包给具有相应资质的专业承包企业或劳务分包企业。总承包方对整个总包范围内的工程都要承担责任，其直接负责的对方就是业主方。

5. 施工分包

施工分包是指从业主或施工总承包处分包部分单项工程或某专业工程进行施工。接受业主(或施工总承包)及业主委托监理及质量监督部门的监督，办理工程竣工验收手续，提交各项工程资料，最后交钥匙给业主或施工总承包。直接对业主或业主委托的施工总承包负责。即分包方与总承包方签订协议，或者签订三方协议，在总包的范围内承包部分工程，其直接对应的一般是总承包方。业主指定的分包一般都是专业分包，如果业主以指定分包的名义过多介入工程分解和发包，并与这些分包单位都签订合同，就变成了平行发包，而不再是施工总承包模式。

施工总包分包一般分为专业分包和劳务分包两种。

6.2 建设安装工程项目合同内容

合同作为商品交换的法律形式，其类型因交易方式的多样化而各不相同。建设工程施工合同即建筑安装工程承包合同，是发包人与承包人之间为完成商定的建设工程项目，确定双方的权利和义务而签订的协议。根据相关工程建设施工的法律、法规，再结合我国工程建设施工的实际情况，并借鉴国际上广泛的土木工程施工合同条件(特别是 FIDIC 土木工程施工合同条件)，1999 年印发了《建设工程施工合同示范文本》(以下简称《施工合同文本》)。2013 版《建设工程施工合同(示范文本)》(GF－2013－0201)已由住建部、国家工商总局于 2013 年联合发布使用。《施工合同文本》由《协议书》《通用条款》《专用条款》三部分组成。

《协议书》是《施工合同文本》中总纲性的文件，规定了合同当事人双方最主要的权利和义务，规定了组成合同的文件及合同当事人对履行合同义务的承诺，并且合同当事人要签字盖章，具有很高的法律效力。

《通用条款》是根据《中华人民共和国合同法》(以下简称《合同法》)《中华人民共和国建筑法》(以下简称《建筑法》)等法律对承发包双方的权利义务做出的规定，是将建设工程施工合同中共性的一些内容抽出来进行编写的一份完整的合同文件，具有很强的通用性，除双方协商一致地对其中的某些条款做了修改、补充或取消外，双方都必须履行。

《专用条款》是当事人根据工程的具体情况对《通用条款》进行的必要的修改和补充。因为建设工程的内容各不相同，承包人、发包人各自的能力、施工现场的环境条件等也不同，工期、造价等都会随之改变，《通用条款》不能完全适用于每个具体工程。

6.2.1 施工承包合同的内容

1. 词语定义与解释

施工合同中，有些词语和术语具有给定的含义，有些则是在其他技术或商业领域公认的、具有特定含义的词语和缩略语，仍应依照该含义在本合同中使用。例如合同资料、合同生效日、合同价格、合同工期、付款申请、法律变更、合同进度计划、质保期、误期赔偿金、延长质保期、整改清单、联动试车、交工验收证书等。

2. 发包人的责任与义务

发包人是指具有工程发包主体资格和支付工程价款能力的当事人以及取得该当事人资格的合法继承人。发包人有时也称发包单位、建设单位或业主、项目法人、甲方等。即一切以协议、法院判决或其他合法完备手续而取得甲方资格，承认全部合同条件，能够而且愿意履行合同规定义务(主要是支付工程价款能力)的合同当事人。发包人既可以是建设单位，也可以是取得建设项目总承包资格的项目总承包单位。

依据《合同法》中的专章规定，建设工程施工合同发包人应承担的责任和义务主要有以下六个方面。

①做好施工前的一切准备工作，确保建设承包单位准时进入施工现场。《合同法》规定，发包人未按约定的时间和要求提供原材料、设备、场地、资金和技术资料的，承包人可以顺延工程日期，并要求停工、窝工损失赔偿。

②向承包人提供符合质量要求的材料、设备，因提供的材料质量存在瑕疵或提供的设备不符合要求而延误工期，造成质量问题的，应承担相应责任。

③对工程施工的质量、进度进行检查。《合同法》规定，发包人在不妨碍承包人正常施工作业的情况下，可以随时对作业进行进度和质量检查。

④组织验收。建设工程达到竣工条件后，发包人应及时组织验收。《合同法》规定，建设工程竣工后，发包人应当根据施工图纸说明书、国家颁发的施工验收规范和质量检验标准等，联合设计单位、监理单位、质量部门以及环保、消防等单位进行验收。

⑤支付价款，接收工程。发包方和承包方应依据国家有关法律、法规和标准规定，按照合同约定对竣工验收合格的工程进行合同价款的计算、调整和确认并支付。

⑥交付使用。发包方对承包方完成的建设工程项目，经验收合格并支付价款后应及时交付使用，发挥建设工程的效益。

例如施工合同中的第2条就是发包人(甲方)工作(甲方按本协议约定的时间和要求，一次或分阶段完成以下工作），除专用合同条款另有约定外，发包人应最迟于开工日期 7 天前向承包人移交施工现场［《建设工程施工合同（示范文本）》（GF－2017—0201）］。

a. 施工现场是否达到具备施工条件和完成的时间要求；

b. 将施工所需的水、电力、通信线路接至施工现场的时间、地点和供应要求，并保证施工期间的需要；

c. 施工现场与公共道路的通道开通时间和起止地点，满足施工运输的需要，保证施工期间的畅通；

d. 工程地质和地下管网线路资料的提供时间；

e. 办理证件、批件的名称和完成时间；

f. 水准点与坐标控制点位置的提供和交验要求；

g. 会审图和设计交底的时间；

h. 协调、处理施工现场周围建筑物、构筑物（含文物保护建筑）、古树名木和地下管线的保护要求及应支付的费用；

i. 甲方不按合同约定完成上述工作时，应按本协议条款的第 19 条（索赔）执行。

3. 承包人的责任与义务

承包人是指被发包人接受的具有工程施工承包主体资格的当事人以及取得该当事人资格的合法继承人。承包人有时也称承包单位、施工企业、施工人、乙方等。

承包人的工程承包主体资格除满足《合同法》关于合同主体资格的要求外，还要满足《建筑法》关于施工合同承包人主体资格的要求。施工合同的承包人必须具有企业法人资格，同时还要持有工商行政管理机关核发的营业执照和建设行政主管部门颁发的资质证书，在核准的资质等级许可范围内承揽工程。

承包人在建设工程合同履行过程中，应承担的责任如下：

①按照合同约定的日期准时进入施工现场，按期开工。

承包人按照合同约定的日期准时进入施工现场，按期开工是确保按时竣工的第一步。承包人应在进入施工现场前做好开工的一切前期工作，如施工方案、原材料、设备的采购、管理、使用、场地的平整、施工必备的水、电、道路的畅通等。

②接受发包人的监督。《合同法》第二百七十七条规定“发包人在不妨碍承包人正常作业的情况下，可以随时对作业进度、质量进行检查”。

③确保建设工程质量达到合同约定的标准。

《合同法》第二百八十一条规定“因施工人的原因致使建设工程质量不符合约定的，发包人有权要求施工人在合理期限内无偿修理或者返工、改建。经过修理或者返工、改建后，造成逾期交付的，施工人应承担违约责任”。《合同法》第二百八十二条规定“因承包人的原因致使建设工程在合理使用期内造成人身和财产损害的，承包人应当承担损害赔偿责任”。

④发包人经检验验收却未按期付款的，承包人可以催告，经催告仍不付款的，凡可折价、拍卖的工程，承包人都可以诉请人民法院解决，以确保自身利益不受损伤。

4. 进度控制的主要内容

建设工程项目管理有多种类型，代表不同利益方的项目管理（业主和项目参与各方）都有进度控制的任务，但是，其控制的目标和时间范畴是不同的。目前建设项目是在动态条件下实施的，因此进度控制也是一个动态的管理过程，它包括进度目标的分析和论证，在收集资料和调查研究的基础上编制进度计划的跟踪检查与调整等。如果只重视进度计划的编制，而不重视进度计划必要的调整，则进度就无法得到控制。为了实现进度目标，进度控制的过程也就是随着项目的进展，而不断调整进度计划的过程。

进度目标分析和论证的目的是论证进度目标是否合理，进度目标是否有可能实现。如果经过科学的论证，得知目标不可能实现，则必须调整目标；进度计划的跟踪检查与调整包括定期跟踪检查所编制的进度计划执行情况，以及若其执行有偏差，则采取纠偏措施，并视必要调整进度计划；进度控制的目的是通过控制实现工程的进度目标。

业主方进度控制的主要内容是控制整个项目实施阶段的进度，包括控制设计准备阶段的工作进度、设计工作进度、施工进度、物资采购工作进度，以及项目动工前准备阶段的工作进度。施工方进度控制的主要内容是依据施工任务委托合同对施工进度的要求控制施工进度，这是施工方需履行的合同义务。在进度计划编制方面，施工方应根据项目的特点，和施工进度控制的需要，编制不同深度的控制性、指导性和实施性施工的进度计划，以及按不同计划周期(年度、季度、月度和旬)的施工计划等。

【例题6-2】建设工程项目进度控制的主要工作环节包括(　　)等。

A. 进度目标的分析和论证

B. 进度控制工作职能分工

C. 定期跟踪进度计划的执行情况

D. 采取纠偏措施及调整进度计划

E. 进度控制工作流程的编制

【答案解析】ACD。本题考查的是建设工程项目进度控制的主要工作环节。进度控制的主要工作环节包括进度目标的分析和论证、编制进度计划、定期跟踪进度计划的执行情况、采取纠偏措施以及调整进度计划。

5. 质量控制的主要内容

工程施工中的质量控制是合同履行中的重要环节。施工合同的质量控制涉及许多方面的因素，任何一个方面的缺陷和疏漏都会使工程质量无法达到预期的标准。

在施工过程中，承包人要随时接受监理工程师对材料、设备、中间部位、隐蔽工程和竣工工程等的质量检查、验收与监督。但监理工程师的检查检验不应影响施工的正常进行。如果影响施工正常进行，当检查检验不合格时，影响正常施工的费用由承包人承担；但除此之外，影响正常施工的追加合同价款则由发包人承担，并相应顺延工期。

质量控制的主要内容有：

(1)合同适用标准、规范和图纸

承包人应认真按照标准、规范和设计图纸的要求以及监理工程师依据合同发出的指令施工，随时接受监理工程师的检查检验，并为检查检验提供便利条件。

(2)材料设备供应的质量控制

工程建设的材料设备供应的质量控制是整个工程质量控制的基础。建筑材料、构配件生产及设备供应单位要对其生产或者供应的产品质量负责。而材料设备的需方则应根据买卖合同的规定进行质量验收。

对于由发包人供应的材料设备，双方应当约定发包人供应材料设备的一览表作为合同附件。发包人供应的材料设备进入施工现场后需要在使用前检验或者试验的应由承包人负责，费用则由发包人负责。即使在承包人检验通过之后如果又发现材料设备有质量问题的，发包人仍应承担重新采购及拆除重建的追加合同价款并相应顺延由此延误的工期。

对于合同给定由承包人采购的材料设备，应当由承包人选择生产厂家或者供应商，承包人应按照合同专用条款的约定及设计要求和有关标准采购材料设备，并提供产品合格证明，对材料设备质量负责，发包人不得指定生产厂家或者供应商。承包人采购的材料设备与设计或标准要求不符时，承包人应在工程师要求的时间内运出施工现场，重新采购符合要求的产品，并承担由此发生的费用，延误的工期不予顺延。

(3)施工企业的质量管理

施工企业的质量管理是工程师进行质量控制的出发点和落脚点。工程师应当协助和监督施工企业建立有效的质量管理体系。

建设工程施工企业的经理要对本企业的工程质量负责，并建立有效的质量保证体系。施工企业的总工程师和技术负责人要协助经理管好质量工作。

(4)工程验收的质量控制

工程验收是一项以确认工程是否符合施工合同规定为目的的行为，是质量控制最重要的环节。工程质量应当达到合同约定的质量标准，质量标准的评定则以国家或者专业的质量检验评定标准为依据。发包人对部分或者全部工程质量有特殊要求的，应支付由此增加的追加合同价款，而对工期有影响的则应给予相应顺延。达不到约定标准的工程部分，一经工程师发现，可要求承包人返工，承包人应当按照工程师的要求返工，直到符合约定的标准。

双方如果对工程质量有争议，应由专用条款约定的工程质量监督部门鉴定，所需费用及因此造成的损失，由责任方承担。如果双方均有责任，则由双方根据其责任大小分别承担。

在工程施工过程中工程师及其委派人员对工程的检查和检验，是他们的一项日常性工作和重要职能。

①隐蔽工程和中间验收。

工程具备隐蔽条件或达到专用条款约定的中间验收部位时，承包人可进行自检，并需在隐蔽或中间验收前48 h以书面形式通知监理工程师验收。承包人要准备验收记录，验收合格，工程师在验收记录上签字后，承包人方可进行隐蔽和继续施工。若验收不合格，承包人应在工程师限定的时间内修改后重新验收。

工程师如果不能按时参加验收，须在开始验收前24 h向承包人提出书面延期要求，延期不能超过48 h，工程师未能按以上时间提出延期要求，且不参加验收，承包人可自行组织验收，工程师也应承认验收记录。

无论工程师是否进行验收，当其提出对已经隐蔽的工程进行重新检验的要求时，承包人都应按要求进行剥离或开孔，并在检验后重新覆盖或修复。检验合格，由发包人承担由此发生的全部追加合同价款，赔偿承包人损失，并相应顺延工期；检验不合格，则由承包人承担发生的全部费用，且工期不予顺延。

②竣工验收。

工程未经竣工验收或竣工验收未通过的，发包人不得使用。发包人强行使用时，由此发生的质量问题及其他问题，由发包人承担责任。工程具备竣工验收条件时，承包人应按国家工程竣工验收有关规定向发包人提供完整竣工资料及竣工验收报告。双方约定由承包人提供竣工图，应当在专用条款内约定提供的日期和份数。竣工验收是全面考核建设工作检查是否符合设计要求和工程质量的重要环节。

(5)质量保修

建设工程办理交工验收手续后，在规定的期限内，因勘察、设计、施工、材料等原因造成的质量缺陷，应当由施工单位负责维修。所谓质量缺陷，是指工程不符合国家或行业现行的有关技术标准、设计文件及合同中对质量的要求。

承包人应按照法律、行政法规或国家关于工程质量保修的有关规定，对交付发包人使用的工程在质量保修期内承担质量保修责任。承包人应在工程竣工验收之前，与发包人签订质量保修书(作为合同附件)，其主要内容包括工程质量保修范围和内容、质量保修期、质量保修责任和质量保修金的支付方法等。

质量保修范围包括地基基础工程、主体结构工程、屋面防水工程和双方约定的其他建筑工程，以及电气管线、上下水管线的安装工程和供热、供冷系统工程项目等。工程质量保修范围是国家强制性的规定，合同当事人不能约定减少国家规定的工程质量保修范围。工程质量保修的内容应由当事人在合同中约定。

质量保修期从工程竣工验收合格之日算起。部分单项竣工验收的工程，按单项工程分别计算质量保修期。

若承包人不按工程质量保修书的约定履行保修义务或拖延履行保修义务，经发包人申告后由建设行政主管部门责令改正，并处以 10 万元以上 20 万元以下的罚款。保修期限内因工程所有人、使用人或第三方人身、财产发生损害时，受损害方可向发包人提出赔偿要求。因保修不及时造成的新的人身、财产损害，由造成拖延的责任方承担赔偿责任。建设工程超过合理使用年限后，承包人不再承担保修的义务和责任。

6. 费用控制的主要内容

合同签订是施工阶段费用控制的源头，签订合理可靠的合同，能从根本上控制费用、避免合同欺诈，有效地防范合同方面的风险。对建设的全过程费用控制，工程师要高度重视施工合同的签订及内容，要根据工程实际情况，并结合所选用的合同文本，与业主共同商讨，仔细分析合同条款，明晰责权关系，并合理利用合同文本条款，在施工全过程有效控制费用。

(1)预付款

预付款用于承包人为合同工程施工购置材料、工程设备、施工设备、修建临时设施以及组织施工队伍进场等。预付款的额度和预付办法应在专用合同条款中约定。预付款必须专用于合同工程。

除专用合同条款另有约定外，承包人应在收到预付款的同时向发包人提交预付款保函，预付款保函的担保金额应与预付款金额相同。保函的担保金额可根据预付款扣回的金额相应递减。

(2)工程进度付款

承包人应在每个付款周期末，按监理人批准的格式和专用合同条款约定的份数，向监理人提交进度付款申请单，并附上相应的支持性证明文件。

监理人应在收到承包人的进度付款申请单以及相应的支持性证明文件后的 14 天内完成核查，并提出发包人到期应支付给承包人的金额以及相应的支持性材料，经发包人审查同意后，再由监理人向承包人出具经发包人签认的进度付款证书。监理人有权扣发承包人未能按照合同要求履行任何工作或义务的相应金额。

发包人应在监理人收到进度付款申请单后的 28 天内，将进度应付款支付给承包人。发包人不按期支付的，需按专用合同条款的约定支付逾期付款违约金。

进度付款涉及政府投资资金的，按照国库集中支付等国家相关规定和专用合同条款的约定办理。

在对以往历次已签发的进度付款证书进行汇总和复核中发现错、漏或重复的，监理人有权予以修正，承包人也有权提出修正申请。经双方复核同意的修正，应在本次进度付款中支付或扣除。

(3)质量保证金

监理人应从第一个付款周期开始，在发包人的进度付款中，按专用合同条款的约定扣留质量保证金，直至扣留的质量保证金总额达到专用合同条款约定的金额或比例为止。质量保证金的计算额度不包括预付款的支付、扣回以及价格调整的金额。

在合同约定的缺陷责任期满时，承包人可向发包人申请到期应返还的剩余的质量保证金金额，发包人应在 14 天内会同承包人按照合同约定的内容核实承包人是否完成缺陷责任。如无异议，发包人应当在核实后将剩余保证金返还承包人。

在合同约定的缺陷责任期满时，承包人没有完成缺陷责任的，发包人有权扣留与未履行责任剩余工作所需金额相应的质量保证金余额，并有权要求延长缺陷责任期，直至完成剩余工作为止。

(4)竣工结算。

①工程接收证书颁发后，承包人应按专用合同条款约定的份数和期限向监理人提交竣工付款申请单，并提供相关证明材料。除专用合同条款另有约定外，竣工付款申请单应包括下列内容：竣工结算合同总价、发包人已支付承包人的工程价款、应扣留的质量保证金和应支付的竣工付款金额。

②监理人对竣工付款申请单有异议的，有权要求承包人进行修正和提供补充资料。经监理人和承包人协商后，由承包人向监理人提交修正后的竣工付款申请单。

③监理人应在收到承包人提交的竣工付款申请单后的 14 天内完成核查，并提出发包人到期应支付给承包人的价款送发包人审核并抄送承包人。发包人应在收到后的 14 天内审核完毕，并由监理人向承包人出具经发包人签认的竣工付款证书。监理人未在约定时间内核查，又未提出具体意见的，视为承包人提交的竣工付款申请单已经监理人核查同意；发包人未在约定时间内审核，又未提出具体意见的，视为监理人提出的发包人到期应支付给承包人的价款已经发包人同意。

④发包人应在监理人出具竣工付款证书后的 14 天内，将应支付款支付给承包人。发包人不按期支付的，按合同约定，须支付逾期付款违约金给承包人。

⑤承包人对发包人签认的竣工付款证书有异议的，发包人可出具竣工付款申请单中承包人已同意部分的临时付款证书。存在争议的部分，则按合同的约定办理。

(5)最终结清

①缺陷责任期终止证书签发后，承包人可按专用合同条款约定的份数和期限向监理人提交最终结清申请单，并提供相关证明材料。

②发包人对最终结清申请单的内容有异议的，有权要求承包人进行修正和提供补充资料，并由承包人向监理人提交修正后的最终结清申请单。

③监理人应收到承包人提交的最终结清申请单后的14天内，提出发包人应支付给承包人的价款送发包人审核并抄送承包人。发包人应在收到后的14天内审核完毕，并由监理人向承包人出具经发包人签认的最终结清证书。监理人未在约定时间内核查，又未提出具体意见的，视为承包人提交的最终结清申请已经监理人核查同意；发包人未在约定时间内审核，又未提出具体意见的，视为监理人提出的应支付给承包人的价款已经发包人同意。

④发包人应在监理人出具最终结清证书后的14天内，将应支付款支付给承包人。发包人不按期支付的，按合同约定，须支付逾期付款违约金给承包人。

⑤承包人对发包人签认的最终结清证书有异议的，按合同的约定办理。

7. 竣工验收

竣工验收是指承包人完成了全部合同工作后，发包人按合同要求进行的验收。

国家验收是政府有关部门根据法律、规范、规程和政策要求，针对发包人全面组织实施的整个工程在正式交付投运前的验收。需要进行国家验收的，竣工验收是国家验收的一部分。竣工验收所采用的各项验收和评定标准应符合国家验收标准。发包人和承包人为竣工验收提供的各项竣工验收资料应符合国家验收的要求。

(1)竣工验收申请报告

当工程具备以下条件时，承包人即可向监理人报送竣工验收申请报告：

①除监理人同意列入缺陷责任期内完成的尾工(甩项)工程和缺陷修补工作外，合同范围内的全部单位工程以及有关工作，包括合同要求的试验、试运行以及检验和验收等均已完成，并符合合同要求。

②已按合同约定的内容和份数备齐了符合要求的竣工资料。

③已按监理人的要求编制了在缺陷责任期内完成的尾工(甩项)工程和缺陷修补工作清单以及相应的施工计划。

④监理人要求在竣工验收前应完成的其他工作。

⑤监理人要求提交的竣工验收资料清单。

(2)验收

监理人收到承包人提交的竣工验收申请报告后，应审查申请报告的各项内容，并按以下不同情况进行处理：

①监理人审查后认为尚不具备竣工验收条件的，应在收到竣工验收申请报告后的28天内通知承包人，指出在颁发接收证书前承包人还需进行的工作内容。承包人完成监理人通知的全部工作内容后，应再次提交竣工验收申请报告，直至监理人同意为止。

②监理人审查后认为已具备竣工验收条件的，应在收到竣工验收申请报告后的28天内提请发包人进行工程验收。

③发包人经过验收后同意接受工程的，应在监理人收到竣工验收申请报告后的56天内，由监理人向承包人出具经发包人签认的工程接收证书。发包人验收后同意接收工程但提出了

整修和完善要求的，应限期修好，并缓发工程接收证书。整修和完善工作完成后，监理人复查达到要求，并经发包人同意后，可向承包人出具工程接收证书。

④发包人验收后不同意接收工程的，监理人应按照发包人的验收意见发出指示，要求承包人对不合格工程认真返工重做或进行补救处理，并承担由此产生的费用。承包人在完成不合格工程的返工重做或补救工作后，应重新提交竣工验收申请报告。

⑤除专用合同条款另有约定外，经验收合格工程的实际竣工日期，应以提交竣工验收申请报告的日期为准，并需在工程接收证书中写明。

⑥发包人在收到承包人的竣工验收申请报告56天后未进行验收的，视为验收合格，实际竣工日期以提交竣工验收申请报告的日期为准，但发包人由于不可抗力不能进行验收的除外。

(3)单位工程验收

发包人根据合同进度计划安排，在全部工程竣工前需要使用已经竣工的单位工程时，或由承包人提出并经发包人同意时，可进行单位工程验收。验收的程序可参照合同的约定进行。验收合格后，由监理人向承包人出具经发包人签认的单位工程验收证书。已签发单位工程接收证书的单位工程由发包人负责照管。单位工程的验收成果和结论应作为全部工程竣工验收申请报告的附件。

发包人在全部工程竣工前，使用已接收的单位工程从而导致承包人费用增加的，发包人应承担由此增加的费用和(或)工期延误，并支付给承包人合理利润。

(4)施工期运行

施工期运行是指合同工程尚未全部竣工，但其中某项或某几项单位工程或工程设备安装已竣工，根据专用合同条款的约定，需要投入施工期运行的，必须经发包人按约定验收合格，并证明能确保安全后，才能在施工期投入运行。

在施工期运行中发现工程或工程设备损坏或存在缺陷的，由承包人按约定进行修复。

(5)试运行

除专用合同条款另有约定外，承包人应按专用合同条款约定进行工程及工程设备试运行，并负责提供试运行所需的人员、器材和必要的条件，并承担全部试运行费用。

由于承包人的原因导致试运行失败的，承包人应采取措施保证试运行合格，并承担相应费用。由于发包人的原因导致试运行失败的，承包人应当采取措施保证试运行合格，由发包人承担由此产生的费用，并支付给承包人合理利润。

(6)竣工清场

除合同另有约定外，工程接收证书颁发后，承包人应按以下要求对施工场地进行清理，直至监理人检验合格为止。竣工清场费用由承包人承担。

①施工场地内残留的垃圾已全部清除出场。

②临时工程已拆除，场地已按合同要求进行清理、平整或复原。

③按合同约定应撤离的承包人设备和剩余的材料，包括废弃的施工设备和材料，已按计划撤离施工场地。

④工程建筑物周边及其附近道路、河道的施工堆积物，已按监理人指示全部清理。

⑤监理人指示的其他场地清理工作已全部完成。承包人未按监理人的要求恢复临时占地，或者场地清理未达到合同约定的，发包人有权委托其他人恢复或清理，所发生的金额则

从拟支付给承包人的款项中扣除。

⑥施工队伍的撤离。工程接收证书颁发后的56天内，除了经监理人同意需在缺陷责任期内继续工作和使用的人员、施工设备和临时工程外，其余的人员、施工设备和临时工程均应撤离施工场地或已拆除。除合同另有约定外，缺陷责任期满时，承包人的人员和施工设备应全部撤离施工场地。

6.2.2 施工专业分包合同的内容

施工专业分包是指工程总承包人或施工总承包人依据专业分包合同的约定，将承包的工程中的专业工程分包给具有相应资质条件的专业分包人完成，由工程总承包人支付工程分包价款，并由总包人与分包人对分包工程项目负连带责任的工程承包方式。《建设工程施工专业分包合同(示范文本)》与《建设工程施工合同示范文本》在合同条款的内容和结构上是非常接近的，不同的是，原来应由施工总承包单位承担的权利、责任和义务依据分包合同部分地转移给了分包人，但对发包人来讲，却不能解除施工总承包单位(承包人)的义务和责任了。

1. 工程承包人(总承包单位)的主要责任和义务

工程承包人(总承包单位)是指在总包合同协议书中约定的，被发包人接受的具有工程施工总承包主体资格的当事人，以及取得该当事人资格的合法继承人，其主要的责任和义务有以下几条：

①承包人应提供总包合同(有关承包工程的价格内容除外)供分包人查阅，向分包人提供与分包工程相关的各种证件、批件以及相关资料，向分包人提供具备施工条件的施工场地。

②组织分包人参加发包人组织的图纸会审，对分包人进行设计图纸交底。

③提供本合同专用条款中约定的设备和设施，并承担因此发生的费用。

④随时为分包人提供为确保分包工程的施工所要求的施工场地和通道等，满足施工运输的需要，保证施工期间的畅通。

⑤负责整个施工场地的管理工作，协调分包人与同一施工场地的其他分包人之间的交叉配合，确保分包人按照经批准的施工组织设计进行施工。

2. 专业工程分包人的主要责任和义务

分包人指在本分包合同协议书中约定的，被承包人接受的具有分包该工程资格的当事人，以及取得该当事人资格的合法继承人。

①分包人应全面了解总包合同的各项规定(有关承包工程的价格内容除外)，除本合同条款另有的约定，分包人应履行并承担总包合同中与分包工程有关的承包人的所有义务与责任，同时也应避免因分包人自身行为或疏漏而造成承包人违反总包合同中约定的承包人义务的情况发生。

②分包人须服从承包人转发的发包人或工程师与分包工程有关的指令。未经承包人允许，分包人不得以任何理由与发包人或工程师发生直接工作联系，分包人不得直接致函发包人或工程师，也不得直接接受发包人或工程师的指令。如分包人与发包人或工程师发生直接工作联系，将被视为违约，并须承担违约责任。

③就分包工程范围内的有关工作，承包人随时可以向分包人发出指令，分包人应执行承

包人根据分包合同所发出的所有指令。分包人拒不执行指令，承包人可委托其他施工单位完成该指令事项，所发生的费用则从应付给分包人的相应款项中扣除。

④按照分包合同的约定，对分包工程进行设计(分包合同有约定时，完成规定的设计内容，报承包人确认后在分包工程中使用。承包人承担由此发生的费用)，在合同约定的时间内向承包人提交详细的施工组织设计，承包人应在专用条款约定的时间内批准，经批准后分包人方可执行施工、竣工和保修。

⑤在合同约定的时间内，向承包人提供年、季、月度工程进度计划及相应的进度统计报表，以保证分包工程如期竣工。

⑥遵守政府有关主管部门对施工场地交通、施工噪音以及环境保护和安全文明生产等的管理规定，按规定办理有关手续，并以书面形式通知承包人，承包人承担由此发生的费用，但因分包人责任造成的罚款除外。

⑦分包人应允许承包人、发包人、工程师及三方中的任何一方授权的人员在工作时间内，合理进入分包工程施工场地或材料存放的地点，以及施工场地以外与分包合同有关的分包人的任何工作或准备的地点，分包人应提供方便。

⑧已竣工工程未交付承包人之前，分包人应负责已完分包工程的成品保护工作，保护期间发生损坏，分包人应自费予以修复；承包人要求分包人采取特殊措施保护的工程部位和相应的追加合同价款，应由双方在合同专用条款内约定。

⑨分包人经承包人同意可以将劳务作业再分包给具有相应劳务分包资质的劳务分包企业。分包人应对再分包的劳务作业的质量等相关事宜进行督促和检查，并承担相关连带责任。此外分包人不得将其承包的分包工程转包给他人，也不得将其承包的分包工程的全部或部分再分包给他人。如分包人将其承包的分包工程转包或再分包，将被视为违约，并须承担违约责任。

3. 合同价款及支付

招标工程的合同价款由承包人与分包人依据中标通知书中的中标价格在本合同协议书内约定；非招标工程的合同价款则由承包人与分包人依据工程报价书在本合同协议书内约定。

分包工程合同价款在本合同协议书内约定后，任何一方都不得擅自改变。下列三种确定合同价款的方式，双方可在本合同专用条款内约定采用其中一种，但应与总包合同约定的方式一致。

①固定价格。双方在本合同专用条款内约定合同价款包含的风险范围和风险费用的计算方法，在约定的风险范围内合同价款不再调整。风险范围以外的合同价款调整方法，应当在专用条款内约定。

②可调价格。合同价款可根据双方的约定而调整，双方应在本合同专用条款内约定合同价款调整方法。可调价格计价方式中合同价款的调整因素包括：

a. 法律、行政法规和国家有关政策变化影响合同价款；

b. 工程造价管理部门公布的价格调整；

c. 一周内非分包人原因停水、停电、停气造成停工累计超过 8 小时；

d. 双方约定的其他因素。

分包人应当在以上情况发生后的 10 天内，将调整原因、金额以书面形式通知承包人，承包人确认调整金额后应将其作为追加合同价款，与工程价款同期支付。承包人收到通知后10天内不予确认也不提出修改意见的，视为已经同意该项调整。

③成本加酬金。合同价款包括成本和酬金两部分，双方在本合同专用条款内约定成本构成和酬金的计算方法。

④分包合同价款与总包合同相应部分价款无任何连带关系。

⑤实行工程预付款的，双方应在本合同专用条款内约定承包人向分包人预付工程款的时间和数额，并在开工后按约定的时间和比例逐次扣回。

⑥承包人应按专用条款约定的时间和方式，向分包人支付工程款(进度款)。按约定时间承包人应扣回的预付款，与工程款(进度款)同期结算。

⑦分包合同约定的工程变更调整的合同价款、合同价款的调整、索赔的价款或费用以及其他约定的追加合同价款，应与工程进度款同期调整支付。

⑧承包人超过约定的支付时间不支付工程款(预付款、进度款)的，分包人可向承包人发出要求付款的通知。承包人不按分包合同约定支付工程款(预付款、进度款)，导致施工无法进行的，分包人可停止施工，由承包人承担违约责任。

⑨承包人收到分包工程竣工结算报告及结算资料后28天内无正当理由不支付工程竣工结算价款的，应从第29天起按分包人同期向银行贷款利率支付拖欠工程价款的利息，并承担违约责任。

6.2.3 施工劳务分包合同的内容

劳务作业分包，是指工程总承包人、施工总承包人或工程专业分包人依据劳务分包合同的约定，将所承包的工程中的施工劳务分包给具有相应资质条件的劳务分包人完成，并由发包人支付劳务报酬的承包方式。例如混凝土作业合同、钢筋作业合同、脚手架作业合同、木工作业合同、水暖电作业合同、焊接作业合同、油漆作业合同等。

1. 工程承包人的主要义务

①组建与工程相适应的项目管理班子，全面履行总(分)包合同，组织实施施工管理的各项工作，对工程的工期和质量向发包人负责。

②除非合同另有约定，工程承包人应完成劳务分包人施工前期的下列工作并承担相应费用：

a. 向劳务分包人交付符合本合同项下劳务作业开工条件的施工场地；

b. 完成水、电、热、电讯等施工管线和施工道路铺设，并满足完成本合同劳务作业所需要的能源供应、通讯及施工道路畅通的时间和质量要求；

c. 向劳务分包人提供相应的工程地质和地下管网线路资料；

d. 完成办理下列手续(包括各种证件、批件、规费，但涉及劳务分包人自身的手续除外)；

e. 向劳务分包人提供相应的水准点与坐标控制位置以及交验要求与保护责任。

③负责编制施工组织设计，统一各项管理目标，组织编制年、季、月施工计划和物资需用量计划表，实施对施工质量、工期、安全生产、文明施工、计量检测、试验化验的控制、监督、检查和验收。

④负责工程测量定位、沉降观测、技术交底、组织图纸会审，统一安排技术档案资料的收集整理和交工验收。

⑤按时提供图纸，及时交付工程应供材料、设备，所提供的施工机械设备、周转材料、安全设施等应保证施工需要。

⑥负责与发包人、监理、设计及有关部门联系，协调现场工作关系。

⑦按合同约定，向劳务分包人支付劳动报酬。

2. 劳务分包人的主要义务

①对合同劳务分包范围内的工程质量向工程承包人负责，组织具有相应资质证书的熟练工人投入工作，未经工程承包人的许可或授权，不得擅自与发包人及有关部门建立工作联系，自觉遵守法律及相关规章制度；

②严格按照设计图纸、施工验收规范等有关技术要求及施工组织设计，精心组织施工，确保工程质量达到约定标准。科学安排作业，投入足够的人力、财力和物力，保证工期。加强安全教育，确保安全，严格现场管理，严格执行建设主管部门及消防、环卫等相关部门对施工现场的管理，做到文明施工，承担由于自身责任造成的质量修改、返工、工期拖延、安全事故、现场脏乱差等损失及各种罚款；

③劳务分包人根据施工组织设计总进度计划的要求，按时提交月施工计划，有阶段工期要求的要提交阶段施工计划，必要时还要按工程承包人要求提交旬、周施工计划，以及与完成上述阶段、时段施工计划相应的劳动力安排计划，经工程承包人批准后严格实施；

④劳务分包人必须服从工程承包人转发的发包人及工程师的指令，自觉接受工程承包人及有关部门的管理、监督和检查；接受工程承包人随时检查其设备、材料保管和使用情况，及其操作人员的有效证件和持证上岗情况；按工程承包人的统一规划堆放材料、机具，按工程承包人的标准化工地要求设置标牌，搞好生活区的管理，做好自身责任区的治安保卫工作；与现场其他单位协调配合，照顾全局；

⑤按时提交报表、完整的原始技术经济资料，配合工程承包人办理交工验收；

⑥除非合同另有约定，劳务分包人应对其作业内容的实施、完工负责，劳务分包人应承担并履行总(分)包合同约定的与劳务作业有关的所有义务及工作程序；

⑦劳务分包人不得将本合同项下的劳务作业转包或再分包给他人，否则，劳务分包人将依法承担责任。

3. 劳务报酬

施工劳务分包合同对劳务报酬给出了以下几种方式：

①固定劳务报酬(含管理费)采用这种方式计价的，劳务合同里直接写出劳务报酬共计________元。

②约定不同工种劳务的计时单价(含管理费)，按确认的工时计算。采用这种方式计价的，劳务合同里注明不同工种劳务的计时单价分别为：________，单价为______元；______，结算时按确认的工时和单价累计计算。

③约定不同工作成果的计件单价(含管理费)，按确认的工程量计算。采用这种方式计价的，劳务合同里注明不同工作成果的计件单价分别为：___________，单价为__________元；

________，结算时按确认的工程量和计件单价累计计算。

④在双方约定的下列情况下，固定劳务报酬或单价可以调整，此外均为一次包死，不再调整。

a. 以本合同约定的价格为基准，市场人工价格的变化幅度超过____%，按变化前后价格的差额予以调整；

b. 因后续法律及政策变化，导致劳务价格变化的，按变化前后价格的差额予以调整；

c. 双方约定的其他情形：____________________。

4. 保险

①劳务分包人施工开始前，工程承包人应获得发包人为施工场地内的自有人员及第三人人员生命财产办理的保险，且不需劳务分包人支付保险费用。

②运至施工场地用于劳务施工的材料和待安装设备，应由工程承包人办理或获得保险，且不需劳务分包人支付保险费用。

③工程承包人必须为租赁或提供给劳务分包人使用的施工机械设备办理保险，并支付保险费用。

④劳务分包人必须为从事危险作业的职工办理意外伤害保险，并为施工场地内的自有人员生命财产和施工机械设备办理保险，并支付保险费用。劳务分包人自行投保的范围(内容)为：

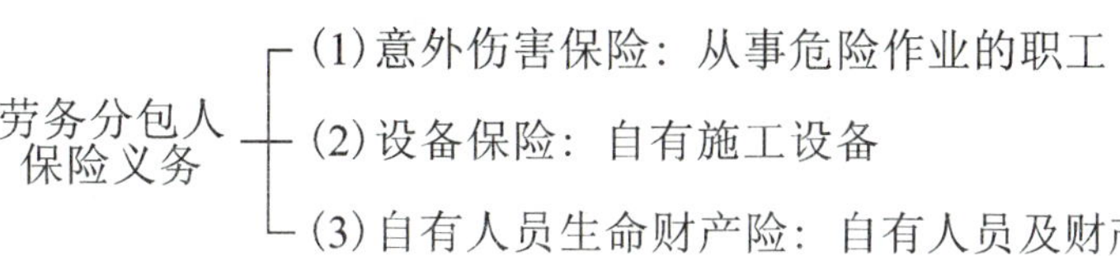

⑤保险事故发生时，劳务分包人和工程承包人有责任采取必要的措施，防止或减少损失。

5. 工时及工程量的确认

①采用固定劳务报酬方式的，施工过程中不计算工时和工程量。

②采用按确定的工时计算劳务报酬的，由劳务分包人每日将提供的劳务人数报工程承包人，由工程承包人确认。

③采用按确认的工程量计算劳务报酬的，由劳务分包人按月(或旬、日)将完成的工程量报工程承包人，由工程承包人确认。对劳务分包人未经工程承包人认可，超出设计图纸范围和因劳务分包人原因造成返工的工程量，工程承包人不予计量。

6. 劳务报酬最终支付

①全部工作完成，经工程承包人认可后的14天内，由劳务分包人向工程承包人递交完整的结算资料，双方按照合同约定的计价方式，进行劳务报酬的最终支付。

②工程承包人应在收到劳务分包人递交的结算资料后的14天内进行核实，并给予确认

或者提出修改意见。工程承包人应在确认结算资料后 14 天内向劳务分包人支付劳务报酬尾款。

③劳务分包人和工程承包人对劳务报酬结算价款发生争议时，按合同关于争议的约定处理。

6.2.4 物资采购合同的内容

物资采购合同是指具有平等主体的自然人、法人和其他组织之间为实现生产、工程物资的买卖，设立、变更、终止相互权利义务关系的协议，它属于买卖合同，依照协议，出卖人转移生产、工程物质的所有权于买收人，买收人接受生产、工程物质并支付价款。一般分为建筑材料采购合同和设备采购合同，其合同当事人为供货方和采购方。供货方一般为物资供应单位或建筑材料和设备生产厂家，采购方则为建设单位(业主)、项目总承包方或施工承包单位。供货方应该对其生产的产品质量负责，采购方则应根据合同的规定进行验收。

物资采购合同的主要内容包括商品名称、数量、等级质量、单价、总金额、交货日期、交货地点、运输方式、付款方式等。

1. 建筑材料采购合同主要内容

(1)标的

主要包括建筑材料的名称(注明牌号、商标)、品种、型号、规格、等级、花色、技术标准或质量要求等。

标的物的质量要求应该符合国家或者行业现行的有关质量标准和设计要求，应该符合以产品采用标准、说明、实物样品等方式表明的质量状况。

约定质量标准的一般原则是：

①按颁布的国家标准执行。

②没有国家标准而有部颁标准的，则按照部颁标准执行。

③没有国家标准和部颁标准为依据时，可按照企业标准执行。

④没有上述标准或虽有上述标准但采购方有特殊要求时，按照双方在合同中约定的技术条件、样品或补充的技术要求执行。

(2)数量

合同中应该明确所采用的计量方法，并明确计量单位。要按照国家或主管部门的规定执行，或者按照供需双方商定的方法执行。

对于某些建筑材料，还应在合同中写明交货数量的正负尾数差、合理磅差和运输途中的自然损耗的规定及计算方法。

(3)包装

包括包装的标准、包装物的供应和回收。

包装标准是指产品包装的类型、规格、容量以及标记等。产品或者其包装标识应该符合要求，如包括产品名称、生产厂家、厂址、质量检验合格证明等。包装物一般应由建筑材料的供方负责供应，并且一般不得另外向需方收取包装费。包装物回收可以采用押金回收或折价回收两种形式。

(4)交付及运输方式

交付方式包括需方到约定地点提货或供方负责将货物送达指定地点两大类。如果是由供方负责将货物送达指定地点，要确定运输方式，可以选择铁路、公路、水路、航空、管道运输及海上运输等，一般由需方在签订合同时提出要求，供方代办发运，运费则由需方负担。

(5)验收

合同中应该明确货物的验收依据和验收方式。验收方式有驻厂验收、提运验收、接运验收和入库验收等。验收依据包括：

①采购合同。

②供货方提供的发货单、计量单、装箱单及其他有关凭证。

③合同约定的质量标准和要求。

④产品合格证、检验单。

⑤图纸、样品和其他技术证明文件。

⑥双方当事人封存的样品。

(6)交货期限

应明确具体的交货时间。如果分批交货，要注明各个批次的交货时间。

交货日期的确定可以按照下列方式：

①供方负责送货的，以需方收货戳记的日期为准；

②需方提货的，以供方按合同规定通知的提货日期为准；

③凡委托运输部门或单位运输、送货或代运的产品，一般以供方发运产品时承运单位签发的日期为准，而不是以向承运单位提出申请的日期为准。

(7)价格

①有国家定价的材料，应按国家定价执行；

②按规定应由国家定价但国家尚无定价的材料，其价格应报请物价主管部门批准；

③不属于国家定价的产品，可由供需双方协商确定价格。

(8)结算

合同中应明确结算的时间、方式和手续。首先应明确是验单付款还是验货付款。结算方式可以是现金支付、转账结算或异地托收承付。现金支付适用于成交货物数量少且金额小的合同；转账结算适用于同城市或同地区内的结算；异地托收承付适用于合同双方不在同一城市的结算。

(9)违约责任

当事人任何一方不能准确履行合同义务时，都要以违约金的形式承担违约赔偿责任。双方应通过协商确定违约金的比例，并在合同条款内明确。

①供方的违约行为可能包括不能按期供货、不能供货、供应的货物有质量缺陷或数量不足等。如有违约，应依照法律和合同规定承担相应的法律责任。

②需方的违约行为可能包括不按合同要求接受货物、逾期付款或拒绝付款等，应依照法律和合同规定承担相应的法律责任。

2. 设备材料采购合同主要内容

物资采购合同范本

设备材料采购合同主要内容与建筑材料采购合同主要内容基本一致，都属于物资设备采购合同，当出现大型设备的采购时才有些区别，下面列举了几个主要的区别：

①物资设备采购合同的标的是物的转移，而大型设备采购合同的标的是完成约定的工作，并表现为一定的劳动成果。大型设备采购合同的标的物表面上与物资设备采购合同的标的物没有区别，但它可能是供货方按照采购方提出的特殊要求加工制造的，或虽有定型生产的设计和图纸，却不是大批量生产的产品，也可能是采购方根据工程项目的特点，对定型设计的设备图纸提出更改某些技术参数或结构要求以后，厂家再进行制造的。

②物资设备采购合同的标的物可以是在合同成立时已经存在的，也可以是签订合同时还未生产，合同签订后才按采购方要求的数量生产的。而作为大型设备采购合同的标的物，必须是合同成立后供货方依据采购方的要求而制造的特定产品，它在合同签约前并不存在。

③物资设备采购合同的采购方只能在合同约定期限到来时要求供货方履行，但一般无权过问供货方是如何组织生产的。而大型设备采购合同的供货方必须按照采购方交付的任务和要求去完成工作，在不影响供货方正常制造的情况下，采购方还要对加工制造过程中的质量和期限等进行检查和监督，一般情况下都派有驻厂代表或聘请监理工程师(也称设备监造)负责对生产过程进行监督控制。

④物资设备采购合同中订购的货物不一定是供货方自己生产的，可以通过各种渠道去组织货源，完成供货任务。而大型设备采购合同则要求供货方必须用自己的劳动、设备、技能等独立地完成标的物的加工制造。

⑤物资设备采购合同的供货方按质、按量、按期将订购货物交付采购方后即完成了合同义务；而大型设备采购合同中有时还可能包括要求供货方承担设备安装服务，或在其他承包人进行设备安装时负责协助、指导等的合同约定，以及对生产技术人员的培训服务等内容。

6.3 建设安装工程项目合同计价方式

实行工程量清单计价的工程，应当采用单价合同。合同工期较短，建设规模较小，技术难度较低，且施工图设计已审查完备的建设工程可以采用总价合同。紧急抢险、救灾以及施工技术特别复杂的建设安装工程可以采用成本加酬金合同。

6.3.1 单价合同的管理

1. 单价合同的定义、特点和形式

单价合同是承包人在投标时，按招投标文件就分部分项工程所列出的工程量表而确定各分部分项工程费用的合同类型。单价合同的特点是单价优先：初步的合同总价与各项单价乘以实际完成工程量之和发生矛盾时，以后者为准，即单价优先。单价合同也可以分为固定单价合同和可调单价合同。

①固定单价合同：这是经常采用的合同形式，特别是在设计或某些建设条件(如地质条件)还不太落实的情况下(计算条件应明确)，在以后需要增加工程内容或工程量时，可以按单价适当追加合同内容。即固定单价合同是指针对当时的图纸、招标文件以及技术资料的固定总价，当施工过程中发生设计变更时，还是要按照规定予以增减造价的。在每月(或每阶段)工程结算时，根据实际完成的工程量结算，在工程全部完成时以竣工图的工程量最终结

算工程总价款。

②可调单价合同：即合同单价可调，一般是在工程招标文件中规定，在合同中签订的单价，根据合同约定的条款，如在工程实施过程中物价发生变化等，可对单价进行调整。有的工程在招标或签约时，会因某些不确定因素而在合同中暂定某些分部分项工程的单价，并在工程结算时，再根据实际情况和合同约定对合同单价进行调整，确定实际结算单价。

2. 单价合同的适用范围和条件

在单价合同中，业主承担工程量变化的风险，承包商承担工程价格变化的风险，是一种风险分配更为合理的合同形式，所以这种合同形式越来越多地在工程项目中得到使用。采用单价合同时，应明确编制工程量清单的方法、工程量的计算规则和工程计量方法，每个分项的工程范围、质量要求和内容都必须有相应的标准，以免引起工程争端。为了确保采用单价合同的项目能够顺利实施，应满足以下两个条件：

①业主所编制的工程量清单应满足工程投标和工程结算的要求。这首先要求业主准备详细程度足够的设计图纸，根据这些设计图纸，业主对工程项目的基本要求已经确定。在编制工程量清单时，清单项目所确定的工作内容和具体要求应与实际施工时相符。另外，工程量的计算也应具有足够的准确度，否则双方可能因此而产生争端。所以，业主在编制工程量清单时，如果自身力量不够，则应聘请具有丰富工程经验的咨询公司完成。

②承包商应该对工程量清单的内容进行仔细审核，清楚地了解业主对工程项目的具体要求。承包商在投标报价时，应结合工程设计图纸、说明与技术规程，以及其他有关的合同文件，综合分析研究工程量清单。审核工程量清单中的项目范围与要求，确定有无漏项；核算工程量清单中的工程量，确定有无数量差异；在必要的情况下，及时向业主或工程师提出需要澄清的有关问题。

6.3.2 总价合同的管理

1. 总价合同的定义、特点和形式

所谓总价合同是指根据合同规定的工程施工内容和有关条件，业主应付给承包商的工程价款是一个规定的金额，即明确的总价，也称作总价包干合同，即根据施工招标时的要求和条件，当施工内容和有关条件不发生变化时，业主付给承包商的价款总额不会发生变化。这是土木建筑承包合同关系中经常使用且很重要的一种方式。

总价合同的主要特征：一，价格是根据承包方实施的全部任务确定的，按承包方在投标报价中提出的总价确定；二，待实施的工程性质和工程量在事先已明确商定。总价合同一般又可以分为固定总价合同、变动总价合同、固定工程量总价合同以及管理费总价合同四种方式，前三种是业主和承包商之间签订合同时使用的，最后一种则是业主与管理公司签订合同时使用的。

(1)固定总价合同

固定总价合同是指合同的价格计算是以图纸及规定、规范为基础的，工程任务和内容明确，业主的要求和条件清楚，合同总价一次包死，固定不变，即不再因为环境的变化和工程量的增减而变化的一类合同。在这类合同中，承包商承担了全部的工作量和价格的风险。

(2)变动总价合同

变动总价合同也称为可调总价合同。合同价格是以图纸及规定、规范为基础，按照当时的价格进行计算，并得到包括全部工程任务和内容的暂定合同价格。它是一种相对固定的价格，在合同执行过程中，由于通货膨胀等原因而使其工、料成本增加时，可以按照合同约定对合同总价进行相应的调整。当然，一般由于设计变更、工程量变化和其他工程条件变化所引起的费用变化也可以进行调整。因此，对承包商而言，其风险相对较小，但对业主而言，通货膨胀等不可预见因素的风险也由业主来承担，其突破投资的风险就增大了，不利于其进行投资控制。

(3)固定工程量总价合同

根据设计工作所依据的基础资料的可靠程度和设计的详细程度，对于能够准确计算出分项工程量的项目，编写工程量清单，业主要求投标人在投标时按单价合同的方式分别填报分项工程单价，从而计算出工程总价，并据之签订合同。原定工程项目全部完成后，根据合同总价付款给承包商。如果改变设计或增加新项，则用合同中已确定的单价来计算新的工程量和调整总价。这种方式对业主来讲，一是可以了解投标人投标时的总价是如何计算得来的，便于审查投标价；二是可以在物价上涨或增减工作内容的情况下，参照已报单价确定变化后的单价。

(4)管理费总价合同

管理费总价合同是指为了进行某一具体工程项目建设，业主雇用某一公司(一般为咨询公司)或管理专家对工程项目施工进行管理和协调，由业主支付该公司或管理专家一笔总的管理费用的合同。采用这种合同时，双方要明确其具体的管理工作范畴。

2. 总价合同的适用范围和条件

在总价合同中，业主承担的风险较少，承包商承担了大量的风险，所以，这种合同形式在很多项目中被业主采用。它主要适用于以下情况：一是适用于工程量小、结构简单、工程技术不太复杂、风险不太大、工期不太长的项目，例如普通的房屋建筑工程、简单的道路工程等。二是大量应用于设计、建造与交钥匙项目中，这时业主可以比较早地将设计与建造工作一起发包给一个总承包商，而总承包商则承担着更大的责任与风险。为了确保采用总价合同的项目能够顺利实施，应满足以下两个条件：

①采用总价合同要求双方在签订合同以前十分清楚工程建设的内容，并应尽量减少工程变更，以减少工程实施过程中可能产生的费用争端。所以，采用总价合同时，工程施工前期准备工作要充分，设计依据和基础资料要翔实而准确，在招标时，业主应提供全面而详细的设计图纸及相应的规范和说明，以便投标人能够详细地计算工程量。合同中对工程内容的表述详细全面、工程责任准确清楚。

②采用总价合同还应给予承包商充分的投标时间。由于承包商承担了大量的风险，应给予承包商足够的时间研究招标文件及相关资料，到现场考察，了解、核实和收集有关资料，从而有充实的数据资料对项目实施过程中可能产生的风险进行预测，并制订切实可行的施工方案和计划，报出合理的价格，以减少由于对工程项目理解的不足和偏差而产生的问题。

6.3.3 成本加酬金合同的管理

1. 成本加酬金合同的定义、特点和形式

成本加酬金合同也称为成本补偿合同，这是与固定总价合同正好相反的一类合同，工程施工的最终合同价格将按照工程实际成本再加上一定的酬金进行计算。是一种在合同签定时工程实际成本往往不能确定，只能确定酬金的取值比例或者计算原则，由业主向承包单位支付工程项目的实际成本，并按事先约定的某一种方式支付酬金的合同类型。成本加酬金合同有多种形式，但目前流行的主要有以下四种。

①成本加固定酬金：这种承包方式的工程成本实报实销，但酬金是事先商量好的一个固定数目，酬金不会因成本的变化而改变。这种方式不能鼓励承包商降低成本，但可鼓励承包商为尽快取得酬金而缩短工期。

②成本加固定百分数酬金：这种承包方式工程成本实报实销，但酬金是事先商量好的以工程成本为计算基础的一个百分数。这种承包方式，对发包人不利，花费的成本越大，承包商获得的酬金就越多，不能有效地鼓励承包商降低成本、缩短工期。现在这种承包方式已很少被采用。

③成本加浮动酬金：这种承包方式通常是由双方事先商定好工程成本和酬金的预期水平，然后将实际发生的工程成本与预期水平相比较，如果实际成本恰好等于预期成本，工程造价就是成本加固定酬金；如果实际成本低于预期成本，则增加酬金；如果实际成本高于预期成本，则减少酬金。这种承包方式，对发包人、承包人双方都没有太大风险，同时也能促使承包商降低成本和缩短工期。缺点是在实践中估算预期成本比较困难，要求承发包双方都具有丰富的经验。

④目标成本加奖罚：这种承包方式是在初步设计结束后，工程迫切开工的情况下，根据粗略估算的工程量和适当的概算单价表编制概算，作为目标成本，随着设计逐步具体化，目标成本可以调整。另外以目标成本为基础规定一个百分数作为酬金，最后结算时，如果实际成本高于目标成本并超过事先商定的界限(例如5%)，则减少酬金；如果实际成本低于目标成本(也有一个幅度界限)，则增加酬金。此外，还可另加工期奖罚。这种承包方式可促使承包商关心成本降低和工期缩短，而且由于目标成本是随设计的进展而加以调整才确定下来的，所以对发包人、承包人双方都不需要承担太大风险。缺点是目标成本的确定也要求发包人、承包人都须有比较丰富的经验。

2. 成本加酬金合同的适用范围和条件

成本加酬金的合同形式，可以通过分段施工缩短工期，而不必等待所有施工图完成才开始招标和施工；业主可以根据自身力量和需要，较深入地介入和控制工程施工和管理；但业主承担项目实际发生的一切费用，因此也就承担了项目的全部风险，对业主的投资控制很不利。

对承包商来说，这种合同比固定总价合同的风险低，利润比较有保证，因而比较有积极性。但由于设计未完成，无法准确确定合同的工程内容、工程量以及合同的终止时间，有时难以对工程计划进行合理安排。同时缺乏控制成本的积极性，对某些不称职的承包商而言，不仅不愿意控制成本，甚至还期望提高成本以提高自己的经济效益，从而损害工程的整体效益。所以，通常对于如下几种情况，一般都要尽量避免采用这种合同。

①工程特别复杂，工程技术、结构方案不能预先确定，或者尽管可以确定工程技术和结构方案，但是不可能进行竞争性的招标活动并以总价合同或单价合同的形式确定承包商，如研究开发性质的工程项目。

②时间特别紧迫，如抢险、救灾工程，来不及进行详细的计划和商谈。

6.4 工程施工合同的运行管理

建设工程施工合同是指发包方（建设单位）和承包方（施工单位）为完成商定的施工工程，明确互相的权利、义务的协议。依照施工合同，施工单位应完成建设单位交付的施工任务，建设单位则应按照规定提供必要条件并支付工程价款，这是建设工程的主要合同，同时也是工程建设质量控制、进度控制、投资控制的主要依据。国家2013版《建设工程施工合同（示范文本）》（GF－2013－0201）已由住建部、国家工商总局于2013年联合发布使用，原《建设工程施工合同（示范文本）》（GF－1999－0201）则同时废止。

6.4.1 施工合同的概述

1. 施工合同分析的任务

施工合同分析是从合同执行的角度去分析、补充和解释合同的具体内容和要求，将合同目标和合同规定落实到合同实施的具体问题和具体时间上，用以指导具体工作，使合同能符合日常工程管理的需要，使工程能按合同要求实施，为合同执行和控制确定依据的过程。合同分析不同于招投标过程中对招标文件的分析，其目的和侧重点都不同。合同分析往往由企业的合同管理部门或项目中的合同管理人员负责。合同分析的任务主要体现在以下3个方面：

①分析合同中的漏洞，解释有争议的内容：在合同起草和谈判过程中，双方都会力争完善，但仍然难免会有所疏漏，通过合同分析，找出漏洞，可以作为履行合同的依据。在合同执行过程中，合同双方有时也会发生争议，往往是由于对合同条款的理解不一致所造成的，通过分析，能就合同条文达成一致理解，从而解决争议。在遇到索赔事件后，合同分析也可以为索赔提供理由和根据。

②分析合同风险，制定风险对策：不同的工程合同，其风险的来源和风险量的大小都不同，要根据合同进行分析，并采取相应的对策。

③合同任务分解、落实到实际工程中：合同任务需要分解落实到具体的工程小组或部门、人员身上，对应要求要具体明确，以便于实施与检查。

【例题6－3】在建设工程施工合同分析时，关于承包人任务的说法，正确的是（　　）。

A. 工程变更补偿范围以合同金额的一定百分比表示时，百分比值越大，承包人的风险越小

B. 合同施工中，对工程师指令的变更，承包人必须无条件执行

C. 工程变更的索赔有效期越短，对承包人越有利

D. 应明确承包人的合同标的

【答案解析】D。本题考查的是建设工程施工合同实施。选项A，正确的表述应为“工程变更补偿范围以合同金额的一定百分比表示时，百分比值越大，承包人的风险越大”。选项B，正确的表述应为“合同实施中，如果工程师指令的工程变更属于合同规定的工程范围，则承包人必须无条件执行”。选项C，正确的表述应为“工程变更的索赔有效期越短，对承包人越不利”。

2. 施工合同交底的目的和任务

施工合同交底是对施工合同各项具体约定的详细解读，但并不是对原合同版本的照抄照搬。它要求综合分析，条理清晰，重点突出，有实际的指导性。一份合格的施工合同交底的主体内容应包括工程的基本内容、合同主要条款的相关约定、该条款的风险提示、应对该风险的措施、履约过程中的问题反馈、交底人和被交底人的亲笔签字等。在交底工作中，以下目的和任务需要引起特别重视：

①对合同的主要内容达成一致理解：合同交底需明确合同版本、交底人、被交底人、交底日期、工程名称、合同总价、建设单位、业主单位性质及资信情况、工程开竣工时间、工程质量和工期等基本要素，这是对本项目施工合同最基本的掌握。

②将各种合同事件的责任分解落实到各工程小组或分包人：合同交底中，需按照合同约定，将甲我双方的工作内容予以明确，尤其需对分包范围、分包合同签订方式、分包的风险转移等条款进行详细交底，明确各个工程小组(分包人)之间的责任界限。

③将工程项目和任务分解，明确其质量和技术要求以及实施的注意要点等：对于有特殊质量要求的工程，需提示项目部管理人员引起足够的重视，并将质量风险转移到各分包、分供、劳务队伍等合作方，以减少我方承担的不合理责任。提示项目部做好质量控制和现场文明施工，以确保工程质量达到合同约定的质量标准。

④明确各项工作或各个工程的工期要求：合同工期需明确施工合同中对合同工期、工期顺延条件、工期奖罚措施等相关条款有无明确约定。若在合同条款中对于工期无具体约定，将导致因甲方、不可抗力等原因引起的工期延误不能及时得到索赔。故对于未约定工期的，需在风险提示栏中明确提出，及时采取应对措施，及时和甲方接洽，并以补充协议或工作联系函的形式予以确认。需要对能发生工期顺延、工期奖罚的条款进行详细交底。在应对措施中需明确，施工过程要做好各个分包工程、材料进场的协调，做好施工进度安排，过程中积极协调各劳务队伍的施工，确保人、材、机的及时投入，保证施工进度，从而防止工期延误风险的发生。建设工程最大的特点之一就是履约时间长，少则一年，多则三五年。在履约过程中，会有很多情况发生，对于因甲方原因、不可抗力等合同中约定的可以顺延工期的情形要做好收发文登记工作，以便于顺延工期并及时索赔。同时，对于工期奖罚条款要深刻理解，做好进度控制，分阶段落实，全面防止工期违约情况的发生并通过办理签证、工作联系函等争取赶工费、人工费补差、提前竣工奖励等。

⑤明确成本目标和消耗标准以及付款约定：对材料的市场价格变动幅度引起重视，积极关注市场信息，及时与甲方沟通，做好工程预算工作，避免丢项漏项造成公司损失，并提示项目部在签订分包、分供合同时将付款风险进行相应转移。交底中需明确有无预付款、有无履约保证金、是否垫资项目等，需提示项目相关管理人员加强与业主的沟通，做好进度款申

付工作，对延期付款采取及时有效的措施。

⑥明确完不成任务的影响和法律后果：对甲我双方的违约责任要予以明确，对于甲方违约的情况，要提示项目部及时办理签证或索赔，要求其承担违约责任。

⑦明确合同有关各方（如业主、监理工程师）的责任和义务。

【例题6－4】施工合同交底的主要目的和任务有（　　）。

A. 将各种合同事件的责任分解落实到各工程小组或分包人

B. 明确各项工作或各个工程的工期要求

C. 明确各个工程小组（分包人）之间的责任界限

D. 争取对自身有利的合同条款

E. 明确完不成任务的影响和法律后果

【答案解析】ABCE。本题考核的是建设工程施工合同交底的目的和任务。合同交底的目的和任务包括：对合同的主要内容达成一致理解；将各种合同事件的责任分解落实到各工程小组或分包人；将工程项目和任务分解，明确其质量和技术要求以及实施的注意要点等；明确各项工作或各个工程的工期要求；明确成本目标和消耗标准以及付款约定；明确相关事件之间的逻辑关系；明确各个工程小组（分包人）之间的责任界限；明确完不成任务的影响和法律后果；明确合同有关各方（如业主、监理工程师）的责任和义务。

6.4.2 施工合同执行过程管理

合同的履行，是合同当事人双方都应尽的义务，在工程实施的过程中要对合同的履行情况进行跟踪与控制，并加强工程变更管理，以保证合同的顺利履行。

1. 施工合同跟踪与控制

承包单位作为履行合同义务的主体，必须对合同执行者的履行情况进行跟踪、监督和控制，以确保合同义务的完全履行。

施工合同跟踪有两个方面的含义：一是承包单位的合同管理职能部门对合同执行者履行合同的情况进行的跟踪、监督和检查；二是合同执行者本身对合同计划的执行情况进行的跟踪、检查与对比。在合同执行过程中两者缺一不可。

合同跟踪的重要依据是合同以及依据合同编制的各种计划文件；其次还要依据各种实际工程文件如原始记录、报表、验收报告等，以及管理人员对工程现场情况的直观了解如现场巡视、交谈、会议、质量检查等。

合同跟踪的对象包括：承包的任务如工程施工的质量、工程进度、工程数量、成本的增加和减少等；工程小组或分包人的工程和工作，工程承包人必须对接受施工任务分解的工程小组或分包人及其所负责的工程进行追踪检查、协调关系、提出意见、建议或警告，保证工程总体的质量和进度等；业主和其委托的工程师的工作如业主是否及时完整地提供了工程施工的实施条件、是否及时给予了指令答复和确认、是否及时足额支付了应付工程款等。

通过合同跟踪，可能会发现合同实施中存在偏差，即工程实施的实际情况偏离了工程计划和工程目标，应该及时分析原因，采取措施并纠正偏差。合同实施偏差分析的内容包括：产生偏差的原因分析，可以利用鱼刺图、因果关系分析图、成本量差、价差、效率差分析等方法进行定性或定量分析；合同实施偏差的责任分析，以合同为依据落实双方的责任；合同实施趋势分析，可以采取不同措施针对合同实施偏差，应分析在不同措施下合同执行的结果和趋势。

具体的合同实施偏差的处理调整措施包括：组织措施如增加人员投入、调整人员安排、调整工作流程和工作计划等；技术措施如变更技术方案、采用新的高效率的施工方案等；经济措施如增加投入、采取经济激励措施等；合同措施如进行合同变更、签证附加协议、采取索赔手段等。

2. 施工合同变更管理

工程施工合同变更一般是指在工程施工过程中，根据合同约定对施工的程序、工程的内容、数量、质量要求及标准等做出的变更，即合同成立以后和履行完毕以前由双方当事人依法对合同的内容所进行的修改。工程变更属于合同变更，合同变更主要是由于工程变更而引起的，工程变更是建设项目合同管理的重要内容，是影响建设项目进度控制、质量控制和投资控制的关键因素。合同变更的管理主要是进行工程变更的管理。

工程变更的原因一般主要有业主、设计人员、监理方人员、承包商、政府部门等有关主体的原因，以及工程环境、合同实施过程中出现了新的情况、产生了新技术或新知识而需要变更等。总的来讲，工程变更主要有五大类：设计变更、施工措施变更、计划变更、条件变更、新增工程。

根据《标准施工招标文件》中的通用合同条款的规定，除专用合同条款另有约定外，在履行合同中发生以下情形之一，应进行变更：

①设计变更是指建设工程施工合同履约过程中，由工程不同参与方提出，最终由设计单位以设计变更或设计补充文件形式发出的工程变更指令。设计变更包含的内容十分广泛，是工程变更的主体内容。常见的设计变更有因设计计算错误或图示错误而发出的设计变更通知书，或因设计遗漏或设计深度不够而发出的设计补充通知书，以及应业主、承包商或监理方请求而对设计所作的优化调整等。例如改变合同工程的基线、标高、位置或尺寸等，即为设计变更。

②施工措施变更是指在施工过程中承包方因工程地质条件变化、施工环境或施工条件的改变等因素影响而向监理工程师和业主提出的改变原施工措施方案的过程。例如改变合同中任何一项工作的施工时间或改变已批准的施工工艺等，即为施工措施变更。

③计划变更是指施工过程中，业主因上级指令、技术因素或经营需要调整原定施工进度计划，改变施工顺序和时间安排的过程。例如取消合同中任何一项工作，但被取消的工作不能转由发包人或其他人实施，即计划变更。

④条件变更是指施工过程中因业主未能按合同约定提供必需的施工条件以及不可抗力的发生导致工程无法按预定计划实施。例如改变合同中任何一项工作的质量或其他特性，即为条件变更。

⑤新增工程是指施工过程中业主扩大建设规模、增加原招标工程量清单之外的建设内容。例如为完成工程需要追加的额外工作即新增工程。

工程变更的具体程序为：①变更的提出。在合同履行过程中，监理人认为可能发生通用条款约定变更情形的，可向承包人发出变更意向书（对于已经发生通用条款约定变更情形的，监理人应按合同约定的程序向承包人发出变更指示）；承包人收到监理人按合同约定发出的图纸和文件，经检查认为其中存在合同约定情形的，应在14天内向监理人提出书面变更建议。监理人收到承包人书面建议后，应与发包人共同研究，确认存在变更的，应在收到承包人书面建议后的14天内做出变更指示。经研究后不同意作为变更的，应由监理人书面答复承包人。②变更指示。变更指示只能由监理人发出。变更指示应说明变更的目的、范围、内容以及变更的工程量及其进度和技术要求，并附有关图纸和文件。承包人收到变更指示后，应按变更指示进行变更工作。

承包方在双方确定变更后14天内不向监理工程师提出变更工程价款报告的，视为该项变更不涉及合同价款的变更。监理工程师应在收到变更工程价款报告之日起14天内予以确认，监理工程师无正当理由不确认时，自变更工程价款报告送达之日起14天后，视为变更工程价款报告已被确认。监理工程师不同意承包商提出的变更价款，应按关于合同争议的约定处理。因承包商自身原因导致的工程变更，承包商无权要求追加合同价款。工程变更的价格确定如图6－2所示，基本原则是：①已标价工程量清单中有适用于变更工作的子目的，采用该子目的单价；②已标价工程量清单中无适用于变更工作的子目，但有类似子目的，可在合理范围内参照类似子目的单价，由监理人按合同约定或确定变更工作的单价；③已标价工程量清单中无适用或类似子目的单价，可按照“成本加利润”的原则，由监理人按照合同约定商定或确定变更工作的单价。发包人认为有必要时，应由监理人通知承包人以计日工方式实施变更的零星工作。

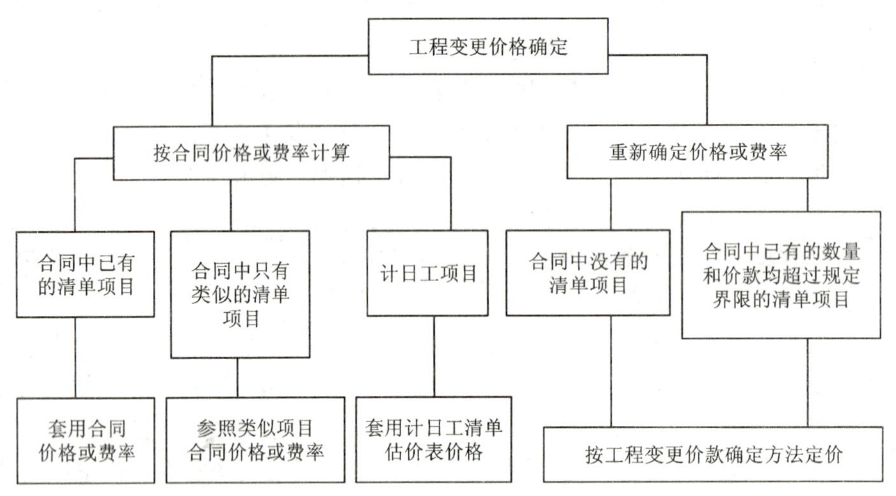

图6－2 工程变更价格的确定

【例题6－5】根据《标准施工招标文件》中的通用合同条款，在合同履行过程中，没有(　　)的变更指示，承包人不得擅自变更。【来源于二级建造师2013年真题】

A. 业主　　B. 设计人　　C. 规划主管部门　　D. 监理人

【答案解析】D。本题考查的是施工合同变更管理。根据《标准施工招标文件》中的通用合同条款，在合同履行过程中，没有监理人的变更指示，承包人不得擅自变更。

【例题6－6】根据《标准施工招标文件》，关于施工合同变更及管理的说法，正确的有(　　)。【来源于二级建造师2013年真题】

A. 在合同履行过程中，承包人对发包人提供的图纸可提出书面变更建议

B. 承包人在收到监理人做出的变更指示后，应按变更指示进行变更工作

C. 在合同履行过程中，监理人可随时向承包人做出变更指令

D. 采用计日工计价的任何一项变更工作，按合同约定列入措施项目清单结算款中

E. 承包人应在收到变更指示的第 14 天内向监理人提交变更报价书

【答案解析】ABE。本题考查的是施工合同变更管理。在合同履行过程中，经发包人同意，监理人可按合同约定的变更程序向承包人做出变更指令；采用计日工计价的任何一项变更工作，其价款都应列入已标价工程量清单中的计日工计价子目及其单价进行计算。

6.5 建设安装工程项目合同的索赔

建设安装工程索赔通常是指在工程合同履行过程中，合同当事人一方因对方不履行或未能正确履行合同或者由于其他非自身因素而受到经济损失或权利损害时，可通过合同规定的程序向对方提出经济或时间补偿要求的行为。

我国建设工程施工合同示范文本中的索赔是双向的，既包括承包人向发包人的索赔，也包括发包人向承包人的索赔。但在工程实践中，发包人索赔数量较小，而且可以通过冲账、扣拨工程款、扣保证金等实现对承包人的索赔；而承包人对发包人的索赔则比较困难。通常情况下，索赔是指承包人在合同实施过程中，对非自身原因造成的工程延期、费用增加而要求发包人给予补偿损失的一种权利要求。

工程项目合同的索赔是合同管理的重要环节，也是项目管理的重要内容，是承包商赢取利润的主要手段，必须给予高度重视。索赔也是一项复杂的、系统性很强的工作，必须在项目实施过程中依合同、重证据、讲技巧、树信誉，踏踏实实地做好合同管理基础工作，严格按程序办事，只有这样，才能真正地把索赔工作处理好，切实维护自己的正当权益。

6.5.1 施工合同索赔的依据和证据

1. 施工合同方面

从理论上讲，合同是承发包双方发生纠纷时解决问题的依据。但是作为依据的合同本身却很可能存在缺陷。首先，合同不可避免地具有不完全性，无论规定得多么详尽，仍然无法穷尽合同履行过程中可能遇到的所有问题。其次，在目前的工程建设领域，由于承发包双方对合同的重视程度不够，使得合同的可操作性与完备性有欠缺。再次，由于建设工程涉及的专业分工以及其他范围太广，再加上合同相关人员的客观能力与主观疏忽等多方面的原因，合同的各个条款之间、不同的协议之间以及图纸与施工技术规范之间都有可能会出现矛盾的地方。此外，工程建设与法律都是专业性很强的学科，可能会出现“懂技术的不懂法律，懂法律的不懂技术”的情况，因此合同容易与现实情况脱节，从而引发合同纠纷。

2. 设计方面

项目施工过程中，可能出现如施工图与现场实际的地质、环境等方面有差异，或设计图纸对规范要求、施工说明等表达不严谨，对设备和材料的名称、规格型号表达不清楚等漏洞和缺陷，这些漏洞和缺陷都会使工程项目的建设费用发生变化，从而不可避免地产生工期、

人工、材料等方面的索赔。

3. 不可抗力事件

不可抗力事件，可分为自然事件和社会事件。自然事件主要是不利的自然条件和客观障碍，如在施工过程中，发生了如地震、放射性污染、核危害等人力不可抗拒的自然灾害和风险，或出现流沙泥、地质断层、地下文物或构筑物等因素，都有可能使工程造价发生变化而引起施工索赔。社会事件则包括国家政策、法律的变更、战争等。

4. 物价上涨、货币及汇率变化

物价上涨的因素，带来了人工费、材料费、甚至施工机械费的不断增长，从而导致工程成本大幅度上升，承包商的利润受到了严重影响，也会引起承包商提出索赔要求。如果在投标截止日期的28天以后，工程施工所在国政府或其授权机构对支付合同价格的一种或几种货币实行限制或货币汇兑限制，业主应补偿承包商因此而受到的损失。

5. 拖欠支付工程款

一般合同中都有支付工程款的时间限制及延期付款计息的利率要求。如果业主不按时支付工程进度款或最终工程款，承包商可据此规定，向业主索赔拖欠的工程款并索赔利息，督促业主迅速偿付。对于严重拖欠工程款，导致承包商资金周转困难，影响工程进度，甚至引起终止合同的严重结果的，承包商必须严肃地提出索赔，甚至诉讼。

6. 不依法履行施工合同

在履行施工合同的过程中，往往会因一些意见分歧和经济利益的驱动等人为因素，使合同双方都不严格执行合同文件。尤其是在建筑市场竞争激烈、“僧多粥少”的情况下，承包商不考虑影响工程的其他因素，采取“低价夺标、索赔盈利”的策略，而业主也不考虑投标者的中标价是否合理，将建设项目承包给中标价低的施工企业。但是，在具体施工中，不合理的中标往往会使工程项目不能按质按量地如期交付使用，并引起垫支、拖欠工程款、银行利息、工期、质量等原因的工程纠纷和施工索赔。

施工合同索赔的具体证据包括：招标文件、合同文本及附件；来往文件、签证及更改通知等；各种会议纪要；施工进度计划和实际施工进度表；施工现场工程文件；工程照片；气象报告；工地交接、隐蔽记录等；材料和设备采购、订货运输的使用记录等；市场行情记录；各种会议核算资料；国家法律、法令、政策文件等。索赔成功与否很大程度上取决于是否有强有力的证据，证据要真实、全面、及时并有法律效力。

6.5.2 施工合同索赔的原则和程序

1. 施工合同索赔的原则

(1)公平合理

工程师作为施工合同的管理核心必须按合同公平行事，从工程整体效益、工程总目标的角度出发，做出判断或采取行动。

(2)及时做出决定和处理

工程师在收到承包商的索赔意向通知后，要迅速反应，认真研究，积极采取措施降低损失，了解过程，掌握第一手资料，并在收到承包商索赔报告和有关资料的28天内给予答复。如索赔证据资料不齐全，应在规定的时间内令其补全。认真核实索赔款额，肯定合理的要求，反驳或修正不合理的要求，查对单据、证明文件，使其更加可靠和准确。

(3)尽可能通过协商达成一致

在索赔处理过程中，工程师在做出决定以前，应与合同双方协商，达成共识。这是避免索赔争议最有效的方法，一切都不可凭借自己的地位和权力武断行事，滥用权力。

2. 施工合同索赔的程序

①索赔事件发生后的28天内，向监理工程师发出索赔意向通知。

②发出索赔意向通知后的28天内，向监理工程师提交补偿经济损失和(或)延长工期的索赔报告及有关资料。

③监理工程师在收到承包人送交的索赔报告和有关资料后，于28天内给予答复。

④监理工程师在收到承包人送交的索赔报告和有关资料后，28天内未予答复或未对承包人做进一步要求的，视为该项索赔已经得到认可。

⑤当该索赔事件持续进行时，承包人应当阶段性向监理工程师发出索赔意向通知。在索赔事件终了后的28天内，向监理工程师提供索赔的有关资料和最终索赔报告。

6.5.3 施工合同索赔的费用

施工合同索赔费用的组成与建筑安装工程造价的组成类似，一般包括六个方面。

1. 人工费

指列入概算定额的直接从事建筑安装工程施工的生产工人和附属辅助生产单位的工人开支的各项费用。在索赔费用中还包括增加工作内容的人工费、停工损失费和工作效率降低的损失费等的累计，其中增加工作内容的人工费应按照计日工费计算，而停工损失费和工作效率降低的损失费则按窝工费计算，窝工费的标准双方应在合同中设定。

2. 设备费

可采用机械台班费、机械折旧费、设备租赁费等几种形式。当工作内容增加引起设备费索赔时，设备费的标准按照机械台班费计算。因窝工引起的设备费索赔，当施工机械属于施工企业自有时，按照机械折旧费计算索赔费用；当施工机械是企业从外部租赁时，索赔费用的标准按照设备租赁费计算。

3. 材料费

材料费的索赔包括：由于索赔事项材料实际用量超过计划用量而增加的材料费；由于客观原因造成的材料价格大幅度上涨；由于非承包人责任工程延期导致的材料价格上涨和超期储存的费用。材料费中应包括运输费、仓储费，以及合理的损耗费用。如果由于承包人管理不善，造成材料损坏失效，则不能列入索赔计价。承包人应该建立健全物资管理制度，记录建筑材料的进货日期和价格，以便索赔时能准确地分离出索赔事项所引起的材料额外耗用量。如果要证明材料单价的上涨，承包人应提供可靠的订货单、采购单，或官方公布的材料价格调整指数。

4. 管理费

此项可分为现场管理费和企业管理费两部分。索赔款项中的现场管理费是指承包人完成额外工程、索赔事项工作以及工期延长期间的现场管理费，包括管理人员工资、办公、通信、交通费等。索赔款中的企业管理费主要指的是工程延长期间所增加的管理费。包括总部职工工资、办公大楼、办公用品、财务管理、通信设施以及企业领导人员赴工地检查指导工作等开支。

5. 利润

一般来说，由于工程范围的变更、文件有缺陷或技术性错误、业主未能提供现场等引起的索赔，承包商可列入利润。但对于工程暂停的索赔，由于利润通常是包括在每项实事工程内容的价格之内的，而延长工期并未影响削减某些项目的实施，也未导致利润减少，所以，一般监理工程师很难同意在工程暂停的费用索赔中加入利润损失。索赔利润的款额计算通常要与原报价单中的利润百分率保持一致。

6. 延迟付款利息

发包人未按约定时间进行付款的，应按银行同期贷款利率支付延迟付款的利息。

复习思考题

1. 招投标的方式比较。
2. 施工总承包管理模式与施工总承包模式的比较。
3. 简述建设安装工程项目合同的主要内容。
4. 专业工程分包人的主要责任和义务有哪些?
5. 劳务分包人的主要义务有哪些?
6. 简述物资采购合同的主要内容。
7. 建设安装工程项目单价合同的特点和形式有哪些?
8. 建设安装工程项目总价合同的特点和形式有哪些?
9. 建筑安装施工合同的变更可能有哪些?
10. 汇总建筑安装施工合同索赔的依据。

第7章 建设安装工程施工进度管理

施工进度是指工程项目实施过程中每项活动进行速度的计划，包括活动之间时间的相互关系、活动持续时间和活动的总时间。施工进度是工程项目建设的三大目标之一，与工程质量管理、投资管理之间是相互影响和相互制约的。

施工进度管理是对工程实施全过程的进度进行计划和控制的活动。

7.1 建设工程项目进度控制目标与任务

建设工程施工项目进度控制管理是指在既定的工期内，编制出最优的施工进度计划，在执行该计划的施工中，经常检查施工实际的进度情况，并将其与计划进度相比较，若出现偏差，便分析其产生的原因和对工期影响的程度，并找出必要的调整措施，修改原计划，不断地如此循环，直至工程竣工验收。

7.1.1 建设工程项目进度控制的目标

施工项目进度控制的目标是由施工企业确定的，它以实现施工合同约定的竣工日期为依据，在《项目管理目标责任书》中下达，确定计划进度目标实质上就是确定施工的目标工期。

施工项目进度控制的总目标是确保施工项目的既定目标工期的实现，或者在保证施工质量和不因此而增加施工实际成本的条件下，适当缩短施工工期。

7.1.2 建设工程项目进度控制的任务

建设工程项目进度控制的任务有：

①项目进度控制的首要任务是确定施工项目进度控制目标。编制施工总进度计划并控制其执行，按期完成整个施工项目的任务。

②编制单位工程、分部分项工程的施工进度计划，并控制其执行，按期完成其工程施工任务。

③编制季度、月(旬)作业计划，并控制其执行，完成规定的目标等。

7.1.3 建设工程总进度目标的论证

在进行建设工程项目总进度目标控制前，首先应分析和论证进度目标实现的可能性。大型建设工程项目总进度日标论证的核心工作是通过编制总进度纲要论证总进度目标实现的可能性。

总进度纲要的主要内容包括：①项目实施的总体部署；②总进度规划；③各子系统的进度规划；④确定里程碑事件的计划进度目标；⑤总进度目标实现的条件和应采取的措施等。

建设工程项目总进度目标的论证工作步骤包括以下八步：

①调查研究和收集资料。

②进行项目结构分析。大型建设工程项目的结构分析即根据编制总进度纲要的需要，将整个项目进行逐层分解，并确立相应的工作目录。

③进行进度计划系统的结构分析。大型建设工程项目的计划系统一般由多层计划构成。整个项目划分成多少计划层，应根据项目的规模和特点而定。

④项目的工作编码。项目工作编码是指每一项工作的编码。编码有各种方式，一般应考虑以下因素：对不同计划层的标识；对不同计划对象的标识（如不同子项目）；对不同工作的标识（如设计工作、招标工作和施工工作等）。

⑤编制各层进度计划。

⑥协调各层进度计划的关系，编制总进度计划。

⑦若所编制的总进度计划不符合项目进度目标，则设法调整。

⑧若经过多次调整，进度目标仍无法实现，则及时报告项目决策者。

7.1.4 建设工程项目进度计划系统

为了对施工项目实行进度计划控制，首先必须编制施工项目的各种进度计划。其中有施工项目总进度计划、单位工程进度计划、分部分项工程进度计划、季度和月（旬）作业计划等，这些计划组成了一个施工项目进度计划系统。计划的编制对象由大到小，计划的内容从粗到细。编制时从总体计划到局部计划，逐层进行控制目标分解，以便计划控制目标落实。执行计划时，从月（旬）、作业计划开始实施，逐级按目标控制，从而达到对施工项目整体进度目标的控制。

7.2 工程项目施工进度计划

工程项目施工进度计划是以拟建工程为对象，规定各项工程内容的施工顺序和开工、竣工时间的施工计划，其是施工组织设计的关键内容，是控制工程施工进度和施工期限等各项施工活动的依据，进度计划合理与否，会直接影响施工的速度、成本和质量。

7.2.1 工程项目施工进度计划的类型

工程项目施工进度计划的类型和施工组织设计相适应，分为总进度计划和单位工程施工进度计划两种。

施工总进度计划包括建设项目（企业、住宅区等）的施工进度计划和施工准备阶段的进度计划。它按生产工艺和建设要求，确定投产建筑群的主要和辅助建筑物与构筑物的施工顺序、相互衔接和开竣工时间，以及施工准备工程的顺序和工期。施工企业的施工生产计划属于企业计划的范畴。建设工程项目施工进度计划，则属于工程项目管理的范畴。两者是属于不同系统的计划，但却紧密相关，计划的编制有一个自下而上和自上而下的往复多次的协调过程。

单位工程施工进度计划是总进度计划有关项目施工进度的具体化，一般土建工程的施工组织设计还要考虑其他专业和安装工程的施工时间。相应的设备安装、装修工程等施工进度计划也要根据相关土建工程的施工进度来安排。

小型项目只需编制施工总进度计划。

7.2.2 工程项目施工进度计划的作用

项目施工的月度施工计划和旬施工作业计划是用于直接组织施工作业的计划，它是以实施施工进度计划、控制施工进度计划所确定的里程碑事件的进度目标为依据进行编制的。实施工程项目施工进度计划的作用有以下五个方面：

①确定施工作业的具体安排。

②根据进度计划可计算一个月度或旬的人工需求，包括人工工种和相应的数量。

③根据进度计划可计算一个月度或旬的施工机械需求，包括机械名称和数量。

④根据进度计划可计算一个月度或旬的建筑材料需求，包括成品、半成品和辅助材料等对建筑材料的名称和数量的需求。

⑤根据进度计划可计算一个月度或旬的资金需求等。

7.2.3 工程项目进度计划的编制流程和方法

工程项目进度计划的编制流程，不仅仅是对实施过程中各项工作进行实际安排的过程，更是在项目实施前对整个项目进行梳理的过程，需要合理编制。

1. 进度计划的编制流程

(1)将项目进度目标进行分解

项目进度目标应该按照项目实施对象、专业、实施阶段和实施周期进行分解。实施对象包括单项工程进度目标、单位工程进度目标、分部工程进度目标和分项工程进度目标。专业包括建筑、结构、设备安装、市政等。在施工实施阶段施工方一般会将项目分解为基础、结构、安装、装修、收尾、竣工验收等。实施周期一般分为年度、季度、月度、旬等。

(2)对工程项目进行结构分解

将整个项目进行逐层分解，直到分解为只包括单一工作的工作包为止。这些工作包是安排进度计划、估算各项工作的所需资源和确定各项工作的先后顺序的基础。

(3)确定各项工作之间的逻辑关系

项目进度计划的编制必须考虑各项工作的先后顺序，避免施工过程中的窝工、返工，造成人力、物力的浪费。

(4)对各项工作的持续时间进行估算

根据前面确定的施工范围和施工内容，确定每项施工工作所采取的施工方法，通过查询工期定额、历史经验资料等来估算持续时间。

(5)对各项工作的资源需求量进行估算

在进度计划的制定过程中，需要考虑基于人工数量、材料数量等资源需求量的施工进度优化，并通过查询劳动定额或历史经验资料等进行工期的合理安排，以保证项目实施各阶段的资源消耗量比较均衡或者使项目成本降低。

(6)编制进度计划并优化

根据各项任务完成的条件、所需消耗的资源以及环境条件，统筹安排，编制进度计划，并根据项目工期、造价、资源等约束条件进行优化和协调。

2. 进度计划的编制方法

进度计划的编制方法有以下四种：

(1)里程碑计划图法

里程碑计划是以工程项目中某些重要事件的开始或结束时间点为基准而形成的计划，它是一种战略计划或项目进度总体框架，一般适用于比较复杂、工期比较长的大型工程项目。

(2)横道图法

施工进度计划横道图是以横向线条结合时间坐标表示各项工作施工的起始点和先后顺序的，整个计划是由一系列的横道组成的，又称为条线图或甘特图，是一种广泛使用的传统进度计划编制方法。

横道图法的优点：①容易编辑，简单、明了、直观、易懂。②因为结合了时间坐标，各项工作的起止时间、作业时间、工作进度、总工期都能一目了然，而且流水施工情况表示的比较清楚。

横道图法的缺点：①不能反映出各项工作之间错综复杂、相互联系、相互制约的生产和协作关系，不利于动态控制进度计划。②反映不出哪些工作是主要的，哪些生产联系是关键性的，不能反映工作所具有的机动时间，无法进行最合理的施工组织，同时难以明确表达项目进度与资源消耗之间的内在关系，难以适应大的进度计划系统。

(3)曲线图法

曲线图是以横坐标表示时间，纵坐标表示工作量完成情况的曲线，通常为S形曲线，可以动态地表示进度状态。

工作量完成情况可以用工时消耗、实物工程量的大小、费用支出额或相应的百分比来表示。对于大多数工程项目来说，在整个项目实施期内单位时间(以天、周、月、季等为单位)的资源消耗(人、财、物的消耗)通常都是中间多而两头少的。由于这一特性，资源消耗累加后便形成了一条中间陡而两头平缓的形如“S”的曲线。

(4)网络计划技术

施工进度网络计划图是一种表示整个计划中各道工序(或工作)的先后次序、相互逻辑关系和所需时间的网状矢线图。由一系列箭线和节点所组成的网状图形是用来表示各施工过程之间的逻辑关系的。网络图应该能够反映出各工序的施工顺序和相互关系，是目前最理想的进度计划和控制方法，比较适合复杂大型项目，一般网络图的绘制、分析、优化和使用可以借助计算机来进行。

网络计划的优点：能明确反映各施工过程之间的逻辑关系；可以进行各种时间参数的计算；能找出计划中影响整个工程进度的关键施工过程；可以利用某些机动时间，利用和调配人力、物力，以达到降低成本的目的。

网络计划的缺点：表达不直观、不容易看懂，不容易显示资源平衡情况。

7.2.4 影响工程项目进度计划的因素与实施

1. 影响施工项目进度的因素

(1)有关单位的影响

施工项目的主要施工单位对施工进度起决定性的作用，但是建设单位与业主、设计单位、银行信贷单位、材料设备供应部门、运输部门、水电供应部门及政府的有关主管部门等也都可能会给施工的某些方面造成困难而影响施工进度。其中设计单位出图不及时、有较大修改以及有关部门或业主对设计方案的变动是经常发生和影响最大的因素。材料和设备不能按期供应或质量、规格不符合要求，都将使施工停顿。资金不能保证也会使施工进度中断或速度减慢等。

(2)施工条件的变化

施工中工程地质条件和水文地质条件与勘察设计不符，如地质断层、溶洞、地下障碍物、地基软弱，以及恶劣的气候如暴风暴雨、洪水、高温等都可能会造成临时停工或破坏，对施工进度产生影响。

(3)技术失误

施工单位采用技术措施不当，施工中发生事故或应用新技术、新材料、新结构缺乏经验，不能保证质量等都要影响施工进度。

(4)施工组织管理不合理

流水施工组织不合理、劳动力和施工机械调配不当、施工平面布置不合理等都将影响施工进度计划的执行。

(5)意外事件的出现

施工中如果出现人力不可抗拒的意外事件，如地震、火灾或其他严重的自然灾害、重大工程事故、工人罢工等，也都会影响施工进度计划。

2. 施工项目进度计划的实施

施工项目进度计划的实施即施工活动的进展，也就是用施工进度计划来指导施工活动，落实和完成计划，在这个过程中。要注意检查各层次的计划，形成严密的计划保证系统，要层层签订承包合同或下达施工任务书，要进行计划的全面交底，发动群众实施计划。

(1)编制月(旬)作业计划

将规定的任务结合现场施工条件，如施工场地的情况、劳动力、机械等资源条件和施工的实际进度，在施工开始前和过程中不断地编制本月(旬)的作业计划，使施工计划更具体、切合实际和可行。在计划中要明确本月(旬)要完成的任务、所需要的各种资源量、提高劳动生产率及节约的措施等。

(2)签发施工任务书

编制好月(旬)作业计划以后，要通过施工任务书的形式向班组下达，实行责任承包、全面管理和原始记录等。施工班组必须保证指令任务的完成。

(3)做好施工进度记录，填好施工进度统计表

为了给施工项目进度检查分析提供信息，在计划任务完成的过程中，各级施工进度计划

的执行者都要实事求是地做好施工记录，记载计划中的每项工作的开始日期、工作进度和完成日期，并填好有关统计图表。

(4)做好施工中的调度工作

施工中的调度是组织施工中各阶段、环节、专业和工种的互相配合、进度协调的指挥中心。调度工作是使施工进度计划顺利实施的重要手段，其主要任务是掌握计划实施情况，协调各方面关系，采取措施排除各种矛盾，加强各薄弱环节，实现动态平衡，保证完成作业计划，实现进度目标。

调度工作的内容主要包括：监督检查施工准备工作；监督作业计划的实施、调整协调各方面的进度关系；督促资源供应单位按计划供应劳动力、施工机具、运输车辆、材料构配件等，并对临时出现的问题采取调配措施；按施工平面图管理施工现场、结合实际情况进行必要调整，保证安全、文明施工；了解气候和水电等情况，采取相应的防范和保证措施；及时发现和处理施工中的各种事故和意外事件；调整薄弱环节；贯彻施工项目主管人员的决策，发布调度令等。

(5)施工项目进度计划的检查

在施工项目的实施进程中，进度控制人员应经常、定期地跟踪检查施工的实际进度情况，主要是收集施工项目进度材料并进行统计整理，便于对此分析，确定实际进度与计划进度之间的关系。

一般检查的时间间隔与施工项目的类型、规模、施工条件和对进度执行要求的程度有关。通常可以定为每月、半月、旬或周检查一次。如在施工中遇到天气、资源供应等因素出现不利情况而造成严重影响时，检查的时间间隔可临时缩短，甚至可以每日进行检查，或派人员驻现场督阵。检查和收集资料的方式一般采用进度报表或定期召开进度工作汇报会。为了保证汇报资料的准确性，进度控制的工作人员要经常到现场查看施工项目的实际进度情况，从而保证经常、定期准确地掌握施工项目的实际进度。

收集到的施工项目实际进度数据，要进行必要的整理，并对按计划控制的工作项目进行统计，形成与计划进度具有可比性的数据、相同的量纲和形象进度。一般可以按实物工程量、工作量、劳动消耗量或累计百分比整理和统计实际检查的数据，以便与相应的计划完成量相对比。

(6)施工项目进度检查结果的处理

施工项目进度检查的结果，按照检查报告制度的规定，应形成进度控制报告向有关主管人员和部门汇报。

进度控制报告是把检查比较的结果及有关施工进度的现状和发展趋势等，提供给项目经理及各级业务职能负责人的最简单的书面形式报告。其主要内容包括：项目实施概况、管理概况、进度概要；项目施工进度、形象进度及简要说明；施工图纸提供进度；材料、物资、构配件供应进度；劳务记录及预测；日历计划；对建设单位、业主和施工者的变更指令等。

进度控制报告要根据报告对象的不同，确定不同的编制范围和内容。

项目概要级的进度报告是报告给项目经理、企业经理或业务部门以及建设单位或业主的。它是以整个施工项目为对象来说明进度计划执行情况的报告。

项目管理级的进度报告是报告给项目经理及企业业务部门的。它是以单位工程或项目分区为对象来说明进度计划执行情况的报告。

业务管理级的进度报告是就某个重点部位或重点问题为对象编写的报告，是供项目管理者及各业务部门为采取应急措施而使用的。

进度报告应由计划负责人或进度管理人员协作编写。报告时间一般应与进度检查时间相协调，也可按月、旬、周等间隔时间进行编写上报。

施工项目进度的比较分析与计划调整，是施工项目进度控制的主要环节，其中进度比较是计划调整的基础。将收集到的施工实际进度资料整理和统计成具有与计划进度可比的数据后，采用相应的方法进行对比。通过比较，可得出实际进度与计划进度相一致、或超前、或拖后三种情况，然后视情况进行计划的调整。

7.3 建设安装工程施工进度控制的比较方法

7.3.1 匀速施工横道图比较法

匀速施工是指施工项目中，每项工作的施工进展速度都是不变的，即在单位时间内完成的任务量都是相等的，可以用实物工程量、劳动消耗量和工作量三种形式来表示，累计完成的任务量与时间成直线变化。作图比较的步骤如下：

①编制横道图进度计划。如图 7－1 中的黑粗线所示。

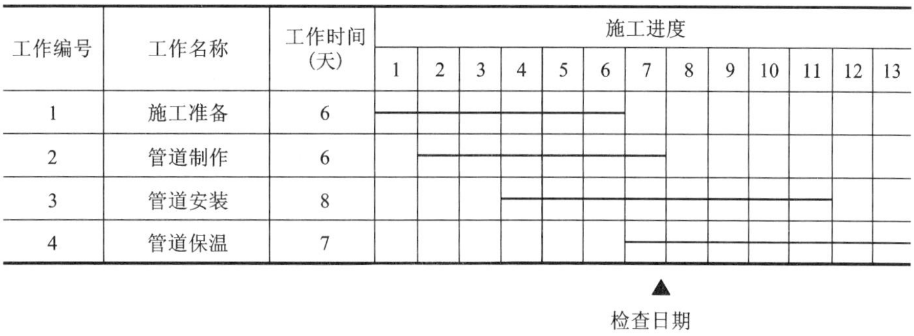

工作编号	工作名称	工作时间（天）	施工进度												
			1	2	3	4	5	6	7	8	9	10	11	12	13
1	施工准备	6													
2	管道制作	6													
3	管道安装	8													
4	管道保温	7													

▲
检查日期

图 7－1 某通风管道工程施工实际进度与计划进度比较表

②在进度计划上标出检查日期。

把在施工项目中检查收集到的实际进度数据，按比例用黑粗线并列标于计划进度线的下方，如图 7－1 所示。

③比较分析实际进度与计划进度：黑粗线的右端与检查日期重合，表明实际进度与计划进度一致；黑粗线的右端在检查日期左侧，表明实际进度拖后；黑粗线的右端在检查日期右侧，表明实际进度超前。

从图 7－1 中检查日期对应的施工进度可以看出，在第七天末进行施工进度检查时，施工准备已全部完成；管道制作按计划进度应当完成，而实际施工进度只完成了 83.0% 的任务，拖后了 17.0%；管道安装工作超前了一天，按计划进度应完成任务的 50.0%，而实际施工进度已完成了 62.5%；管道保温工作已完成了 14.3% 的任务，施工实际进度与计划进度一致。

7.3.2 双比例单侧横道图法

该比较方法适用于在工作的进度为变速进展的情况下，工作实际进度与计划进度进行比较的情形。它是在绘出表示工作实际进度的黑斜线的同时，在图上标出某对应时刻完成任务的累计百分比，并将该百分比与其同时刻计划百分比相比较，进而判断工作的实际进度与计划进度之间的关系的方法。其比较步骤如下：

①编制横道图进度计划。为简便起见，此处只表示出一项工程的时间和进度横线，如图7-2所示，在横道线上方标出各工作在某时段的计划完成任务累计百分比。如某管道安装工程每天计划完成的累计百分比为7%，…，100%。在横道线下方标出工作的相应时段实际完成任务的累计百分比。如图7-2中工作1天，2天，…，4天末和检查日期的实际完成任务的累计百分比分别为5%，14%，…，40%。

②用黑斜线标出实际进度线。从开工日标起，同时反映出施工过程中工作的连续与间断情况。

③对照横道线上方的计划完成累计量和同时间下方的实际完成累计量，比较出实际进度与计划进度之偏差，当同一时刻上下两个累计百分比相等时，表明实际进度与计划进度一致；当同一时刻上面的累计百分比大于下面的累计百分比时，则表明该时刻的实际施工进度拖后，拖后者为二者之差；当同一时刻上面的累计百分比小于下面的累计百分比时，则表明该时刻的实际施工进度超前，超前量为二者之差。

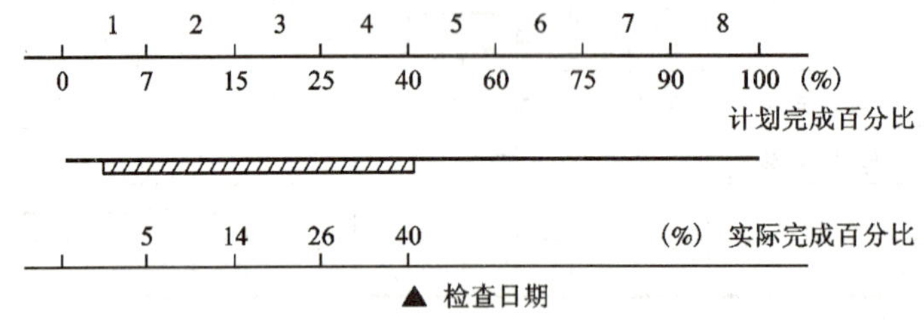

图7-2 双比例单侧横道图比较图

例如某项目的通风管道安装工程按施工计划安排需8天完成，每天计划完成任务量百分比、工作的每天实际进度和检查日累计完成任务的百分比，如图7-2所示。比较实际进度与计划进度的偏差，实际开工时间比计划时间晚半天，进程中连续工作，则第一天末实际进度比计划进度拖后2%，第二天末拖后1%，第三天末超前1%，第四天末与计划相等。

7.3.3 双比例双侧横道图比较法

该方法是双比例单侧横道图比较法的改进和发展，也适用于工作进度变速进展的情况。它是将表示工作实际进度的黑斜线，按着检查的期间和完成的累计百分比交替地绘制在计划横道线上下两面的方法，其长度表示该时间内完成的任务量。工作的实际完成累计百分比标于横道下方的检查日期处，通过上下两个相对的百分比的比较，判断该工作的实际进度与计划进度之间的关系。这种比较方法可以从各段黑斜线的长度看出相应检查期内的工作实际进度，便于比较各阶段工作的完成情况。其作图和比较的步骤如下：

①编制横道图进度计划表。

②在横道线上方标出各工作某时段的计划完成累计百分比。

③在横道线下方标出工作相对应日期的实际完成累计百分比。在计划横道线的下方标出工作按日检查的实际完成任务百分比，第一天末到第九天末分别为5%，14%，…，100%。

④用黑斜线按比例分别在横道线上、下方交替绘制出每次检查实际完成的百分比。

⑤比较实际进度与计划进度。通过标在横道线上下两方的累计百分比，比较各时刻的两种进度的偏差，同样可能出现一致、超前或拖后3种情况。实际进度在第八天末只完成了90%，拖了工期。第九天末实际累计完成百分比为100%，比计划的8天拖了1天工期。

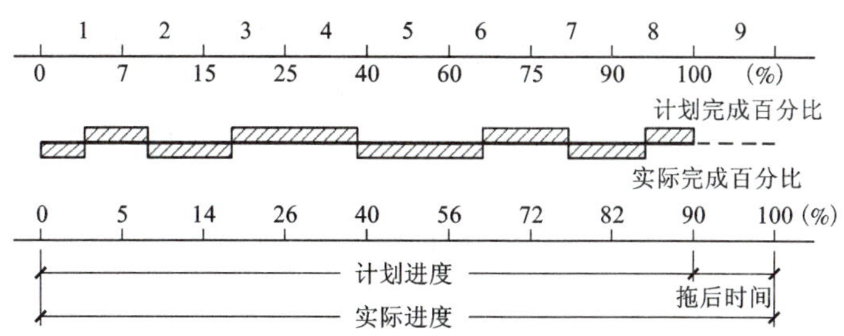

图7-3 双比例双侧横道图比较图

从上述三种横道图比较方法可以看出，其记录比较方法简单，形象直观，应用方便，容易掌握，被广泛地应用于简单的进度监测工作之中。但由于它以横道图进度计划为基础，因此，带有不可克服的局限性，如各工作之间的逻辑关系不明显，关键工作和关键线路无法确定，一旦某些工作进度产生偏差，就难以预测其对后续工作和整个工期的影响及调整方法。

7.3.4 S形曲线比较法

该方法是以横坐标表示进度时间，纵坐标表示累计完成任务量，从而绘制出一条按计划时间累计完成任务量的S形曲线，如图7-4所示。然后将施工项目的各检查时间实际完成的任务量与S形曲线进行比较，如图7-5所示。

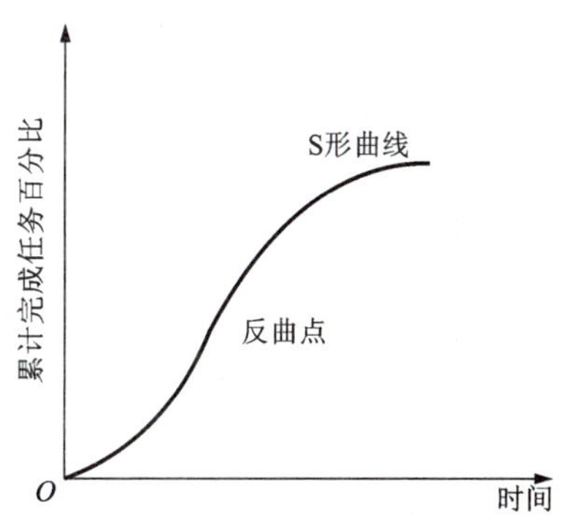

图7-4 时间与完成任务量关系曲线

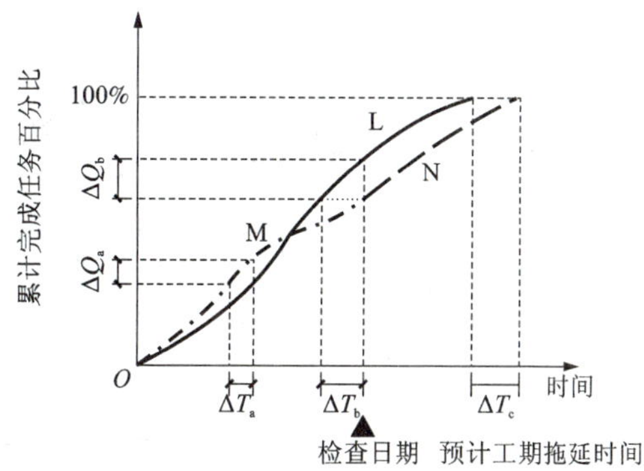

图7-5 时间与完成任务量关系曲线比较图

从整个施工项目的施工全过程来看，一般是开始和结尾阶段单位时间投入的资源量较少，中间阶段单位时间投入的资源量较多。与其相关，单位时间完成的任务量也是呈同样变化的。而随时间进展累计完成的任务量，则应该呈S形变化，如图7－4所示。

一般情况下，计划进度控制人员会在计划实施前绘出计划进度S形曲线，如图7－5中的L曲线。并在项目施工过程中，按规定时间将检查的实际完成情况，绘在同一张图上，如图7－5中的M曲线，即得出实际进度的S形曲线。比较两条S形曲线的差异，可得出如下信息：

①当实际工程进展点落在计划S形曲线左侧时，则表示此时的实际进度比计划进度超前；若落在其右侧则表示拖后；若刚好落在其上，则表示二者一致。

②项目实际进度比计划进度超前或拖后的时间，从图7－5中可以看出，ΔT_a 表示 T_a 时刻实际进度超前的时间；ΔT_b 表示 T_b 时刻实际进度拖后的时间。

③项目实际进度比计划进度超额或拖欠的任务量，从图7－5中可以看出，ΔQ_a 表示 T_a 时刻超额完成的任务量；ΔQ_b 表示在 T_b 时刻拖欠的任务量。

④预测工程进度。后期工程如果按原预计计划速度进行，可根据M和L绘出图7－5中的N曲线，则工期拖延预测值为 ΔT_c。

7.3.5 香蕉形曲线比较法

对于一个施工项目的网络计划，在理论上总是分为最早和最迟两种开始与完成时间的。因此，一般情况下，任何一个施工项目的网络计划，都可以绘制出两条S形曲线。一条是按最早开始时间安排进度而绘制的曲线，如图7－6中的曲线 A，另一条则是按最迟开始时间安排进度而绘制的曲线，如图7－6中的曲线 B。两条曲线都是从计划的开始时刻开工和计划的完成时刻结束的，因此两条曲线是闭合的，除起点和终点外的其他时刻的 A 线上的各点均落在 B 线相应点的左侧，形成了一个形如香蕉的形状。

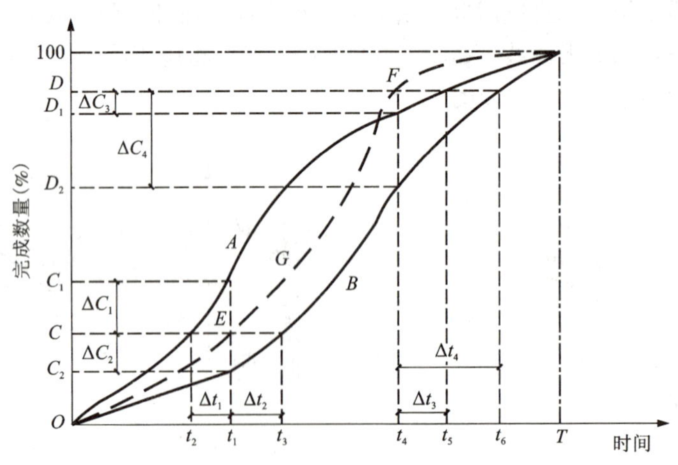

图7－6 香蕉形曲线比较图

在项目实施中进度控制的理想状况是任一时刻按实际进度描绘的点，都应落在该香蕉形曲线的区域内，当然也可在香蕉形曲线的左侧，但最好不要落在其右侧。

香蕉形曲线比较的方法是：当计划进行到时间 t_1 时，实际完成数量记录在 E 点。这个进度比最早时间计划曲线 A 的要求少完成了 $\Delta C_1 = OC_1 - OC$，时间推后了 $\Delta t_1 = Ot_1 - Ot_2$；比最迟时间计划曲线 B 的要求多完成了 $\Delta C_2 = OC - OC_2$。由于 E 点的进度比最迟时间要求提前，故不会影响总工期，如果控制得好，还可能提前 $\Delta t_2 = Ot_3 - Ot_1$ 完成全部计划。

当计划进行到 t_4 时刻时，实际完成数量记录在 F 点。这个进度比最早时间计划多完成了 $\Delta C_3 = OD - OD_1$，比最迟时间计划多完成了 $\Delta C_4 = OD - OD_2$。时间提前量比最早时间计划提前了 $\Delta t_3 = Ot_5 - Ot_4$，比最迟时间计划提前了 $\Delta t_4 = Ot_6 - Ot_4$。故在以后的工作中可适当放慢速度，以节约资源。如果继续按计划要求的速度进行施工，则整个计划可以提前完成。

7.3.6 前锋线比较法

施工项目的进度计划用时标网络计划表达时，还可以采用实际进度前锋线进行实际进度与计划进度的比较。

时标网络计划以水平时间坐标为尺度表示工作时间。时标的时间单位应根据需要在编制网络计划之前确定，可以是小时、天、周、月或季度等。在时标网络计划中，以实箭线表示工作，实箭线的水平投影长度则表示该工作的持续时间；以虚箭线表示虚工作，由于虚工作的持续时间为零，故虚箭线只能垂直画；以波形线表示工作与其紧后工作之间的时间间隔(以终点节点为完成节点的工作除外，当计划工期等于计算工期时，这些工作箭线中波形线的水平投影长度表示其自由时差)。时标网络计划既具有网络计划的优点，又具有横道计划直观易懂的优点，它将网络计划的时间参数直观地表达了出来。

前锋线比较法是从计划检查时间的坐标点出发，用点划线依次连接各项工作的实际进度点，最后到计划检查时间的坐标点为止，形成前锋线。按前锋线与工作箭线交点的位置判定施工实际进度与计划进度的偏差。如图 7-7 所示，在第五天检查时，发现 A 工作已完成，B 工作已进行了 1 天，C 工作进行了 2 天，D 工作尚未开始。从图中可以看出，关键线路上已将工期拖后了 1 天。

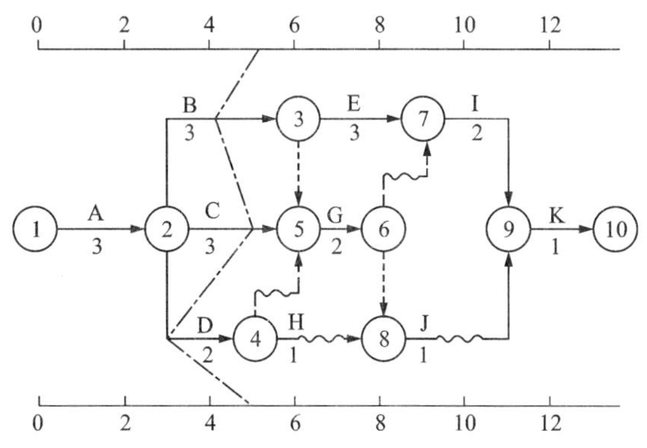

图 7-7 某施工项目进度前锋线图

7.3.7 列表比较法

列表比较法是指记录检查时正在进行的工作名称和已进行的天数，然后列表计算有关参数，再根据原有总时差和尚有总时差判断实际进度与计划进度的比较方法。当采用无时间坐标网络图计划时也可以采用列表比较法。即记录检查时正在进行的工作名称和已进行的天数，然后列表计算有关参数，根据原有总时差和尚有总时差，去判断实际进度与计划进度的偏差。列表比较法的步骤如下：

①计算检查时正在进行的工作 $i \cdot j$ 尚需的作业时间 $T_{2i \cdot j}$：

$$T_{2i \cdot j} = D_{i \cdot j} - T_{1i \cdot j} \tag{7-1}$$

式中：$D_{i \cdot j}$为工作 $i \cdot j$ 的计划持续时间；$T_{1i \cdot j}$为工作 $j \cdot j$ 检查时已经进行的时间。

②计算工作 $i \cdot j$ 检查时至最迟完成时间的尚余时间 $T_{3i \cdot j}$：

$$T_{3i \cdot j} = LF_{i \cdot j} - T_2 \tag{7-2}$$

式中：$LF_{i \cdot j}$为工作 $i \cdot j$ 的最迟完成时间；T_2 为检查时间。

③计算工作 $i \cdot j$ 的尚有总时差 $TF_{1i \cdot j}$：

$$TF_{1i \cdot j} = T_{3i \cdot j} - T_{2i \cdot j} \tag{7-3}$$

④填表分析工作实际进度与计划进度的偏差：若工作尚有总时差与原有总时差相等，则说明该工作的实际进度与计划进度一致；若工作尚有总时差小于原有总时差，但仍为正值，则说明该工作的实际进度与计划进度拖后，产生偏差值为二者之差，但不影响总工期；若尚有总时差为负值，则说明对总工期有影响，应当调整。

例如已知网络计划如图 7-8 所示，在第五天检查时，发现 A 工作已完成，B 工作已进行了 1 天，C 工作进行了 2 天，D 工作尚未开始。用图 7-7 的前锋线法可知关键线路上工期已经拖后 1 天。现在用列表法记录和比较进度情况。根据上述 3 个公式计算有关参数，如表 7-1 所示。

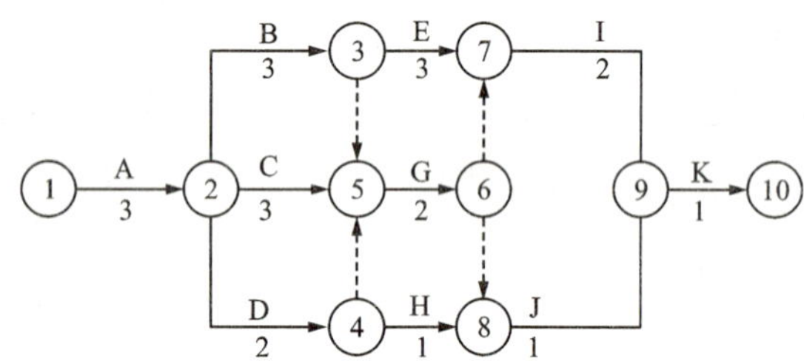

图 7-8　某施工项目网络计划

表 7-1　有关参数与和总时差计算表

工作代号	工作名称	检查计划时尚需作业时间	到计划最迟完成时尚需天数	原有总时差	尚有总时差	情况判断
2—3	B	2	1	0	-1	拖延工期 1 天
2—5	C	1	2	1	1	正常
2—4	D	2	2	2	0	正常

例题中 B 工作 2—3 出现负值，说明实际进度落后且计划工期已受影响，此时滞后的天数为两者之差，而计划工期的延迟天数与工作尚有总时差的绝对值相等，此时应当调整

计划。

7.4 建设安装工程施工进度控制的管理措施

编制科学、合理的进度计划是实现进度控制的首要前提，但因为工程项目实施过程长而且处在一个开放的动态条件下，环境的变化、目标的修正、技术方案的深化以及其他不确定因素的出现，都会对施工进度计划造成影响，因此必须对计划进行控制，并不断修正，以适应新的变化，项目进度控制的核心是确保工程进度目标的实现。建筑安装工程施工进度控制的管理措施包括组织措施、技术措施、管理措施、经济措施。

7.4.1 组织措施

组织是目标能否实现的决定性因素，为实现项目的进度目标，应该充分重视项目管理的组织体系。

落实各层次的进度控制的人员、具体任务和工作责任，建立起进度控制的组织系统；按施工项目的结构、进展阶段或合同结构等进行项目分解，确定其进度目标，建立控制目标体系；编制项目进度控制的工作流程；确定进度控制工作制度，如检查时间、方法、协调会议时间、参加人员等；对影响进度的因素进行预测和分析。

7.4.2 技术措施

采取技术方法来保证进度目标的实现，包括改进设计技术和完善施工方案两个方面。尽可能选用新技术、新工艺、新材料，调整工作之间的逻辑关系，缩短持续时间，加快施工进度。

7.4.3 管理措施

管理措施包括管理的理念、方法和手段、承发包模式、合同管理和风险管理等。“第一次就将正确的事情做正确”的零缺陷管理理念、进度计划系统管理、进度控制动态管理等方法和手段的应用，不仅有利于缩短建设周期，还有利于文明施工，提高施工质量。合同管理措施包括将分包单位签订施工合同的合同工期与有关进度计划目标相协调等。

不断地收集施工实际进度的有关资料进行整理统计并与计划进度比较，定期地向建设单位提供比较报告。

7.4.4 经济措施

经济措施是指实现进度计划的资金保证措施，涉及资金需求计划、资金供应的条件及资金激励措施等。

在编制施工进度计划时，应同步编制相适应的各种资源需求计划，如劳动力、材料、机械设备、资金等，以反映工程实施各阶段所需的资源，并明确可能的资金总供应量、资金来源以及资金供应的时间等。在工程预算中，可以考虑加快工程进度所需要的资金，包括为实现进度目标将要采取的经济激励措施所需要的费用等。

7.5 建设安装工程施工进度计划的调整方法

通过前述的进度比较方法，当进度控制人员发现产生进度偏差时，应当分析该偏差对后续工作和总工期的影响状况，从而确定相应的调整方法。

7.5.1 分析进度偏差的工作是否为关键工作

若出现偏差的工作是关键工作，则无论偏差的大小，都将对后续工作及总工期产生影响，必须采取相应的调整措施。若出现偏差的工作不是关键工作，则需要根据偏差值与总时差和自由时差的大小关系，确定其对后续工作和总工期的影响程度。

7.5.2 分析进度偏差是否大于总时差

若工作的进度偏差大于该工作的总时差，则说明此偏差必将影响后续工作和总工期，必须采取相应的调整措施；若工作的进度偏差小于或等于该工作的总时差，则说明此偏差对总工期无影响。至于它对后续工作的影响程度，则需要根据该偏差与自由时差的大小进行判断。

7.5.3 分析进度偏差是否大于自由时差

若工作的进度偏差大于该工作的自由时差，则说明此偏差会对后续工作产生影响，至于如何调整，应根据后续工作允许影响的程度而定；若工作进度小于或等于该工作的自由时差，则说明此偏差对后续工作无影响，原计划可不做调整。

7.5.4 施工进度计划的调整方法

根据确认应该调整产生进度偏差的工作和调整偏差值的大小，确定调整措施，并获得新的符合实际进度情况和计划目标的新进度计划。调整原计划的方法，一般有以下两种：

1. 改变某些工作之间的逻辑关系

若检查的实际施工进度产生的偏差影响了总工期，在工作之间的逻辑关系允许改变的条件下，改变关键线路和超过计划工期的非关键线路上的有关工作之间的逻辑关系，达到缩短工期的目的。例如，可以把依次进行的有关工作改为平行的或互相搭接的，以及分成几个施工段进行流水施工的等，都可达到此目的。

2. 缩短某些工作的持续时间

此法能使施工进度加快，并保证实现计划工期。这些被压缩持续时间的工作是位于由于实际施工进度的拖延而引起总工期增长的关键线路和某些非关键线路上的工作，同时，这些工作又是可以压缩持续时间的工作。这种方法实际上就是网络计划优化中的工期优化方法和工期与成本优化方法。

复习思考题

1. 简述进度控制的目标与任务。
2. 简述施工进度计划的类型。
3. 工程项目进度计划的编制流程是怎样的?
4. 进度计划的编制方法有哪些?
5. 建筑安装工程施工进度控制的比较方法有哪些?
6. 建筑安装工程施工进度控制的管理措施有哪些?

第8章 建设安装工程施工质量与安全管理

8.1 工程质量管理

8.1.1 工程质量管理的基本概念

国家标准《质量管理体系基础和术语》(GB/T 19000—2008)中关于质量的定义是：一组固有特性满足要求的程度。质量的关注点是一组固有特性，而不是赋予的特性。质量是满足要求的程度，要求是指明示的、隐含的或必须履行的需要和期望。质量要求是动态的、发展的和相对的。应以固有特性满足质量要求的程度来衡量质量“好”或者“差”。

施工质量是指建设工程项目施工活动及其产品的质量(new)，即通过施工使工程满足业主(顾客)需要并符合国家法律、法规、技术规范标准、设计文件及合同规定的要求，包括在安全、使用功能、耐久性、环境保护等方面所有明确和隐含的需要能力的特性综合。其质量特性主要体现在建筑工程的适用性、安全性、耐久性、可靠性、经济性以及与环境的协调性六个方面。

国家标准《质量管理体系基础和术语》(GB/T 19000—2008)中关于质量管理的定义是指在质量方面指挥和控制组织的协调的活动。这些活动通常包括质量方针和质量目标的建立、质量策划、质量控制、质量保证和质量改进等一系列工作。

根据国家标准《质量管理体系基础和术语》(GB/T 19000—2008)中的定义，质量控制是质量管理的一部分，是致力于满足质量要求的一系列活动；也是通过对施工方案和资源配置的计划、实施、检查和处置，为了实现施工质量目标而进行的事前控制、事中控制和事后控制的系统过程。

1. 工程质量的影响因素

在施工过程中，影响工程质量的主要因素有施工人员(Man)、工程材料(Material)、机械(Machine)、施工方法(Method)及环境(Environment)五个方面(简称“人、料、机、法、环”，即4M1E)。

①施工人员因素。施工人员包括直接参与工程建设的决策者、管理者和作业者，人员因素影响主要是指上述人员的质量意识及质量活动能力对工程质量造成的影响。在工程质量管理者中，人员因素起决定性的作用。所以，施工质量控制应该以控制人员因素作为基本出发点，避免人为失误，充分调动人员的积极性，发挥人员的主导作用；对人员进行政策法规教

育、政治思想教育、劳动纪律教育、职业道德教育、专业技术知识培训，保证工程质量。

②工程材料因素。工程材料的原材料、半成品、成品、构配件和周转材料等，是工程施工的物质条件。材料质量是工程质量的基础，材料质量不符合要求，工程质量就达不到标准，所以要加强工程材料的质量控制。

③机械因素。机械设备包括工程设备、施工机械和各类施工器具。工程设备是工程项目的重要组成部分，其质量的优劣，直接影响到工程使用功能的发挥。施工机械设备是所有施工方案和工法得以实施的重要物质基础，合理选择和正确使用施工机械设备是保证工程质量的重要措施。

④施工方法因素。施工工法包括施工技术方案、工艺流程和组织措施等。是否采用先进合理的工艺、技术，并依据规范的工法和作业指导书进行施工，是直接影响工程项目进度、质量、投资控制三大目标能否顺利实现的关键。

⑤环境因素。对于建设工程项目的质量控制而言，环境因素对工程质量的影响，具有复杂多变和不确定性的特点。施工自然环境因素，如工程地质、水文、气象条件和周边建筑、地下障碍物以及其他不可抗力等；工程管理环境因素，如施工单位质量管理体系、质量管理制度等；施工劳动环境因素，如施工现场平面和空间环境条件等。

2. 工程质量控制的特点

工程质量控制的特点主要表现在：

①控制的因素多。如勘察、设计、材料、机械、施工工艺、操作方法、技术措施、技术管理等因素，以及地质、水文、气象和周边环境等自然因素。

②控制的波动大。建设产品因具有单件性和施工生产的流动性，不像一般的工业产品生产那样具有固定的生产流水线、规范化的生产工艺、完善的检测技术、成套的生产设备和稳定的生产环境等条件，使得施工质量容易产生波动。

③控制过程难度大。建筑工程项目在施工过程中，工序衔接多、中间交接多、隐蔽工程多，必须加强对施工过程的质量检查，及时发现和整改存在的质量问题。

④终检局限性大。工程项目建成后不能像工业产品那样，依靠终检来控制产品的质量，也不能拆卸或解体检查内在质量、更换不合格零部件。工程项目的终检(竣工验收)只能从表面进行检查，难以发现施工过程产生的、被隐蔽了的质量隐患。

8.1.2 工程项目质量管理体系

1. 工程项目质量管理体系的建立和运行

(1)建设工程项目质量管理体系的性质和构成

建设工程项目质量管理系统既不是业主方也不是施工方的质量管理体系或质量保证体系，而是建设工程项目目标控制的一个工作系统。是为了保证某项产品或某项服务能满足给定的质量要求的体系，包括质量方针和目标，以及为实现目标所建立的组织结构系统、管理制度办法、实施计划方案和必要的物质条件等组成的整体。

(2)工程项目质量管理体系的内容和方法应用

工程项目质量管理体系的内容有：

①项目质量管理目标。要以工程承包合同为基本依据，逐级分解目标以形成在合同环境下的各级质量目标。从时间角度展开，实现全过程的控制；从空间角度展开，实现全方位和全员的质量目标管理。

②项目质量计划。根据企业的质量手册和项目质量目标来编制。可以按施工质量工作计划和施工质量成本计划实施。

③项目质量的思想保证体系。运用全面质量管理的思想、观点和方法，树立“质量第一”的观点，增强质量意识，全面贯彻“一切为用户”的思想，以达到提高工程质量的目的。

④项目质量的组织保证体系。建立健全各级质量管理组织，分工负责，形成一个有明确任务、职责和权限，相互协调和相互促进的有机整体。

⑤项目质量的工作保证体系。落实施工准备阶段、施工阶段、竣工验收阶段的工作任务和工作制度。施工准备阶段要完成各项技术的准备工作，进行技术交底和技术培训，制定相应的技术管理制度；对工程项目进行划分并分级编号进行质量控制和检查验收。施工阶段必须加强工序管理，建立质量检查制度，严格实现自检、互检和专检，确保施工阶段的工作质量。竣工阶段应做好成品保护，严格按规范标准进行检查验收和必要的处置，确保单位工程或单项工程的竣工，经检查验收，移交给下道工序或移交给建设单位。

(3)质量管理的 PDCA 循环

在生产实践过程和理论研究中形成的 PDCA 循环，是确立质量管理和建立质量管理体系的基本原理。质量保证体系的运行就是反复按照 PDCA 循环周而复始地运转，每运转一次，施工质量就提高一步。

“PDCA”是指：P—计划(Plan)，D—实施(Do)，C—检查(Check)，A—改进(Action)，如图 8-1 所示。

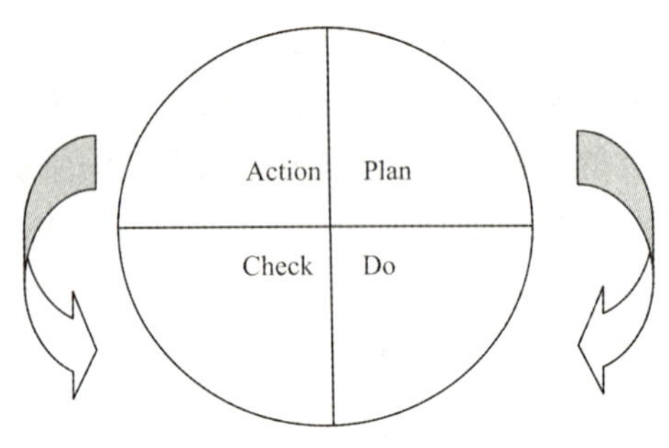

图 8-1 PDCA 循环

①计划(Plan)。计划是质量管理的首要环节，包括确定质量管理的目标、方针，以及实现目标、方针的措施和方案。

②实施(Do)。实施包含计划行动方案的交底和按计划规定的方法及要求展开的施工作业技术活动。通过生产要素的投入、作业技术活动和产出过程，转换为质量的实际值。

③检查(Check)。检查即对照计划，检查执行的情况和效果，及时发现计划执行过程中的偏差和问题。它包括两个方面：一是检查是否严格执行了计划的行动方案，以及实际条件是否发生了变化，查明没按计划执行的原因；二是检查计划执行的结果，看工程施工质量是

否达到了标准的要求。

④改进(Action)。改进即对质量检查所发现的质量问题或质量不合格现象，及时进行原因分析，采取措施，纠正计划执行中的偏差，克服缺点，改正错误；并在检查的基础上，把成功的经验加以肯定，形成标准，在以后的工作中以此作为处理依据。

8.1.3 工程质量控制的内容和方法

1. 施工质量控制的基本环节

施工质量控制的基本环节包括：

①事前质量控制。在正式施工前进行的事前主动质量控制，通过编制施工质量计划，明确质量目标，制定施工方案，设置质量管理点，落实质量责任。

②事中质量控制。首先是对质量活动的行为约束，其次是对质量活动过程和结果的监督控制。在施工质量形成过程中，对影响施工质量的各种因素进行全面、全过程的动态控制。

③事后质量控制。该控制是为了使不合格的工序或最终产品(包括单位工程或整个工程项目)不流入下道工序，不进入市场。

2. 施工准备工作的质量控制

(1)施工技术准备的质量控制

在开展施工作业活动前进行的技术准备工作内容繁多，主要在室内进行，如：熟悉施工图纸，进行详细的设计交底和图纸审查；进行工程项目检查验收的项目划分和编号；审核相关质量文件，细化施工技术方案和施工人员、机具的配置方案；编制施工作业技术指导书，绘制各种施工详图(如测量放线图、大样图及配筋、配板、配线图表等)；进行必要的技术交底和技术培训。

技术准备工作的质量控制，包括对上述技术准备工作成果的复核审查，检查这些成果是否符合设计图纸和相关技术规范、规程的要求；依据经过审批的质量计划审查，完善施工质量控制措施；针对质量控制点，明确质量控制的重点对象和控制方法；尽可能地提高上述工作成果对施工质量的保证程度等。

(2)现场施工准备的质量控制

①测量控制。工程测量放线是建设工程产品由设计转化为实物的第一步。施工单位在开工前必须对建设单位提供的原始坐标点、基准线和水准点等测量控制点线进行复核，并将复测结果上报监理工程师审核，批准后施工单位才能据此建立施工测量控制网，从而进行工程定位和标高基准的控制。

②施工平面布置的控制。建设单位应按照合同约定并考虑施工单位施工的需要，事先划定所提供的施工用地和现场临时设施用地的范围；施工单位要合理科学地规划使用好施工场地，指定施工场地的质量管理制度。

③材料与机械设备的质量控制。建筑工程采用的主要材料、半成品、成品、建筑构配件等均应进行现场验收。机械设备质量控制主要是使机械设备的类型、性能、参数等与施工现场的实际条件、施工工艺、技术要求等因素相匹配，满足施工生产的实际要求。

材料与机械设备费用占了项目经费的60%，材料设备的质量会直接影响建筑产品实物的质量，因此材料设备管理的质量直接影响工程实物的质量。

8.1.4 施工阶段的质量控制

施工过程的作业质量控制，是形成工程项目实体过程的事中质量控制，也是形成最终产品质量的重要阶段。

1. 工序施工质量控制

工序的质量控制是施工阶段质量控制的重点。只有严格控制工序质量，才能确保工程项目的实体质量。工序施工质量控制主要包括工序施工条件质量控制和工序施工效果质量控制。

(1) 工序施工条件质量控制

工序施工条件质量控制就是控制工序活动的各种投入要素质量和环境条件质量。其主要控制手段有检查、测试、试验、跟踪监督等。

(2) 工序施工效果质量控制

工序施工效果质量控制属于事后质量控制，就是控制工序产品的质量特征和特性指标达到设计质量标准以及施工质量验收标准的要求，其控制的主要途径有：实测获得数据、统计分析所获取的数据、判断认定质量等级和纠正质量偏差。

2. 工序施工质量监控

工序质量监控的对象是影响工序质量的因素，应设置工序质量监控点，强化控制影响施工工序质量的主要因素。

(1) 工序施工质量监控点

①影响工序质量的重点或关键部位、工序或环节以及隐蔽工程。

②施工过程中的薄弱环节，或者质量不稳定的工序或环节。

③对下道工序有较大影响的上道工序。

④采用新技术、新工艺、新材料的部位或环节。

⑤施工上无把握、施工条件困难或技术难度大的工序或环节。

⑥用户反馈指出和过去有返工的不良工序。

(2) 过程质量控制

选择施工过程的重点部位、重点工序和重点质量因素进行重点预控和过程控制。主要包括以下几个方面：

①人员的监控。某些操作或工序，以人为重点控制对象，如高空、高温、易燃易爆、重型构件吊装作业等操作要求高的工序和技术难度大的工序，应对人的综合素质进行控制。

②材料的质量监控。以直接影响工程质量的主要因素作为监控重点。如钢结构工程中使用的高强螺栓。

③施工方法与关键操作监控。以某些直接影响工程质量的主要因素作为重点监控对象。如预应力钢筋的张拉工艺操作过程及张拉力的控制，是可靠地建立预应力值和保证预应力构件质量的关键过程。

④施工技术参数监控。施工过程中涉及的技术参数都要作为重点监控的质量参数与指

标。如混凝土的外加剂掺量、水灰比，回填土的含水量，砌体的砂浆饱满度，防水混凝土的抗渗等级，钢筋混凝土结果的实体检测结果及混凝土冬期施工的受冻临界强度等技术参数。

⑤施工顺序技术监控。对某些工序必须严格控制施工的先后顺序，如屋架的固定，应采取对角同时施焊方法，否则会由于焊接应力不足而导致校正好的屋架发生倾斜。有些工序之间必须留有必要的技术间歇时间，如砌筑与抹灰之间，应在墙体砌筑后留 6 ~ 10 天的时间，让墙体充分沉陷、稳定、干燥，再抹灰。

⑥新技术、新材料及新工艺应用的监控。由于缺乏经验，施工应该重点监控。

⑦产品质量不稳定和不合格率高的工序应该重点进行监控。

(3)成品保护的监控

对工程项目某些部位已经完成，而其他部位还在施工的，施工单位必须负责对已经完成的部分采取措施进行保护。成品保护主要是合理安排施工顺序，提高全体员工的责任意识，采取防护、包裹、覆盖、封闭等有效的保护措施。

8.1.5 工程项目验收质量控制程序

1. 工程施工项目质量验收

施工项目质量验收分为检验批质量验收、分项工程质量验收、分部工程(子分部工程)质量验收和单位工程(子单位工程)质量验收四种。

(1)检验批质量验收

检验批质量验收合格应满足：第一是主控项目的质量经抽样检验合格；第二是一般项目的质量抽样检验合格；第三是具有完整的施工操作依据和质量检查记录。检验批是工程验收的最小单位，也是分项工程乃至整个建筑工程质量验收的基础。

质量控制资料反映了检验批从原材料到最终验收的各施工工序的操作依据、检查情况记录以及保证质量所必需的管理制度等。对其完整性的检查，实际是对过程控制的确认，这是检验批合格的前提。

检验批的合格质量主要取决于对主控项目和一般项目的检验结果。主控项目是对检验批的基本质量起决定性影响的检验项目，因此必须全部符合有关专业工程验收规范的规定。这意味着主控项目不允许有不符合要求的检验结果，即这种项目的检验具有否决权。

(2)分项工程质量验收

分项工程质量验收合格应符合：第一是所含检验批的质量均应验收合格；第二是所含检验批的质量验收记录应完整。分项工程的质量验收在检验批验收的基础上进行的。

(3)分部工程质量验收

分部工程质量验收合格应符合：第一是所含分项工程的质量验收均应验收合格；第二是质量控制资料应完整；第三是有关安全、节能、环境保护和主要使用功能的检验结果应符合相应规定，如涉及安全和使用功能的地基基础、主体结构及有关安全和重要使用功能的安装分部工程应进行有关见证取样送样试验或抽样检测；第四是观感质量应符合要求，这类检查往往很难定量，只能以观察、触摸或简单测量的方式进行，并由个人的主观印象判断，检查结果不给出“合格”或“不合格”的结论，而是综合给出质量评价。

(4)单位工程质量验收

单位工程质量验收包括：第一是所含分部工程的质量均应验收合格；第二是质量控制资料应完整；第三是所含分部工程有关安全、节能、环境保护和主要使用功能的检验结果应符合相应规定；第四是主要使用功能的抽查结果应符合相关专业质量验收规范的规定；第五是观感质量应符合要求。

2. 工程项目竣工质量验收

整个验收过程涉及建设单位、设计单位、监理单位及施工总分包各方的工作，通常分为竣工验收的准备、初步验收和正式验收三个阶段。

(1)竣工验收准备

参与工程建设的各方均应做好竣工验收的准备工作。建设单位应组织竣工验收班子，审查竣工验收条件，准备验收资料。监理单位应协助建设单位做好竣工验收的准备工作，督促施工单位做好竣工验收的准备。施工单位应及时完成工程尾款结算，做好竣工验收资料的准备，组织准备工程预验收。设计单位应做好资料整理和工程项目清理等工作。

(2)竣工预验收

工程项目达到竣工验收条件后，施工单位在通过自检后，应将全部资料提交监理单位，申请工程竣工验收；监理单位应由总监理工程师组织专业监理工程师对竣工资料和工程质量进行全面检查，对工程检查中发现的问题督促施工单位及时整改。经监理单位检查验收合格后，应由总监理工程师签署工程竣工报验单，并向建设单位提出质量评估报告。

(3)正式验收

建设单位应在工程竣工验收前的7个工作日将验收时间、地点、验收组名单通知该工程的工程质量监督机构。建设单位组织竣工验收会议，验收组应由建设、勘察、设计、施工、监理和其他有关方面的专家组成。正式验收完成后，验收委员会应形成《竣工验收鉴定证书》，对验收做出结论，并确定交工日期及办理承发包双方的工程价款结算手续等。

8.1.6 工程质量事故分类与处理

1. 工程质量事故的分类

(1)按事故造成的损失程度分级分类

①特别重大事故，是指造成30人以上死亡，或者100人以上重伤，或者1亿元以上直接经济损失的事故。

②重大事故，是指造成10人以上30人以下死亡，或者50人以上100人以下重伤，或者5000万元以上1亿元以下直接经济损失的事故。

③较大事故，是指造成3人以上10人以下死亡，或者10人以上50人以下重伤，或者1000万元以上5000万元以下直接经济损失的事故。

④一般事故，是指造成3人以下死亡，或者10人以下重伤，或者100万元以上1000万元以下直接经济损失的事故。

该等级划分所称的“以上”包括本数，所称的“以下”不包括本数。

(2)按事故责任分类

第一类是指导责任事故，第二类是操作责任事故，第三类是自然灾害事故。

2. 工程质量事故的处理

(1)施工质量事故处理程序

①事故调查。事故调查要力求及时、客观、全面，以便为事故的分析与处理提供正确的依据。

②事故的原因分析。在事故调查的基础上，对调查数据、资料进行仔细分析，去伪存真，找出造成事故的主要原因。

③制订事故处理的方案。

④事故处理的鉴定验收。

(2)施工质量事故处理的基本要求

质量事故处理方案应以原因分析为基础，重视消除造成事故的原因，注重综合、全面质量；合理确定事故处理的范围和处理的时间、方法；质量事故处理应达到安全可靠、不留隐患、满足生产和使用要求、施工方便、经济合理的目的；加强事故处理的检查验收工作，复查事故处理的情况，确保事故处理期间的安全。

(3)质量事故处理的基本方法

①修补处理。当工程某些部分的质量虽未达到规定的规范、标准或设计要求，存在一定的缺陷，但经过修改后可以达到质量标准，又不影响使用功能或外观的要求时，可以采取修补处理的办法。

②加固处理。主要是针对危及承载力的质量缺陷的处理。

③返工处理。当工程质量缺陷经过修补处理后仍不能满足规定的质量标准要求，或不具备补救可能性时，则必须采取返工处理。

④限制使用。当工程质量缺陷按修补方法处理后无法保证达到规定的使用要求和安全要求，而又无法返工处理的情况下，不得已时可做出诸如结构卸荷或减荷以及限制使用的决定。

⑤不做处理。当某些工程质量问题虽然达不到规定的要求或标准，但情况不严重，对工程或结构的使用及安全影响很小，经过分析、论证、法定检测单位认定和设计单位等认可后可不作专门处理。

⑥报废处理。

8.2 建设工程项目安全管理与应急预案

1. 建设工程项目安全管理与环境管理目标

建设工程项目安全管理与环境管理两个目标：

①建设工程项目安全管理目标是防止建设生产安全事故、保护产品生产者和使用者的健康与安全；控制影响工作场所内人员、临时工作人员、合同方人员、访问者和其他有关部门人员健康和安全的条件和因素；考虑和避免因管理不当而对员工健康和安全造成的危害。

②建筑工程项目环境管理目标是保护生态环境，使社会的经济发展与人类的生存环境相

协调。控制施工现场的各种粉尘、废水、废气、固体废弃物以及噪声、振动等对环境的污染和危害，并且注意对资源的节约和避免资源的浪费。

2. 施工安全措施计划

施工安全措施计划是指企业在生产活动前，必须编制安全措施计划，改善劳动条件和安全卫士设施，防止出现工伤事故和职业病。在建设工程项目的施工中，安全措施计划是施工组织设计的重要内容之一。

安全措施计划的范围包括改善劳动条件、防止事故发生、预防职业病和职业中毒等，主要应从安全技术措施(防护装置、保险装置、信号装置和防爆装置)，职业卫生措施(防尘、防毒、防噪声、通风、照明、取暖、降温等)，辅助用房间及设施(更衣室、休息室、淋浴室、消毒室、妇女卫生室、厕所和冬期作业取暖室等安全卫士所必需的房间及一切设施)，宣传教育措施(安全生产教材、图书、资料，安全生产展览，安全生产规章制度，安全操作方法训练设施，劳动保护和安全技术的研究与实验)等方面实施。

安全技术措施计划编制可按照“工作活动分类→危险源识别→风险确定→风险评价→制度安全技术措施计划评价→安全技术措施计划的充分性”的步骤进行。

3. 危险源辨识与风险评价

(1)危险源辨识

①危险源。

危险源是能够造成危害后果的伤亡事故、人身健康损害、物体受破坏和环境污染或这些情况组合的根源或状态，可归结为能量的意外释放或约束限制能量和危险物质措施失控的结果。

根据危险源在事故发生发展中的作业可把危险源分为第一类危险源和第二类危险源。第一类危险源是事故发生的本质，通常表现为可能发生意外释放的能源、能量载体或危险物质。第二类危险源是造成约束、限制能量和危险物质措施失控的各种不安全因素。主要体现在设备故障或缺陷、人为失误和管理缺陷等方面。

第一类危险源是事故发生的前提，第二类危险源是第一类危险源导致事故的必要条件。事故的发生和发展是两类危险源相互依存、相辅相成和共同作用的结果。

②危险源识别。

危险源辨识是识别危险源的存在并确定其特性的过程，主要目的是找出与每项工作活动有关的所有危险源，并考虑判断这些危险源可能造成人员伤害、财产损失和环境破坏的因素。通常危险源可分为人的因素、物的因素、环境的因素和管理的因素。

危险源辨识的方法有很多种，如询问交谈、现场观察、查阅有关记录、获取外部信息、工作任务分析、安全检查表、危险与操作性研究、事故树分析、故障树分析等。这些方法各有特点和局限，往往会采用两种或两种以上的方法识别危险源。危险源辨识要采用科学规范的方法，针对不同的作业条件选择合理的方法，找出其存在的原因，并制定分级控制方案，才能有效控制事故的发生。常用的危险源辨识方法有专家调查法和安全检查表法。

专家调查法是通过向有经验的专家咨询、调查、识别、分析和评价危险源的方法，其优点是简便、易行，缺点是受专家的知识、经验和占有资料的限制，可能会出现遗漏。

安全检查表实际上是实施安全检查和诊断项目的明细表，是进行安全检查、发现潜在危险、督促各项安全法规、制度和标准实施的一个较为有效的工具。其优点是简单易懂、容易掌握，可以事先组织专家编制检查内容，使安全检查做到系统化、完整化，缺点是只能做出定性评价。

(2)危险源的评估

是在风险识别和风险估测的基础上，对风险发生的概率和损失程度，结合其他因素进行全面考虑，评估发生风险的可能性及危害程度，并与公认的安全指标相比较，衡量风险的程度，并决定是否需要采取相应措施的过程。

风险是某一特定危险情况发生的可能性和后果的组合。风险等级可以用以下公式表示

$$R = P \cdot f$$

式中：R 为风险大小；P 为事故发生的概率(频率)，通常把危险情况分为可能性很大、中等、极小三种情况；f 为事故后的严重程度。

根据风险的等级表达式，可简单地按表8-1对风险的大小进行分级。

表8-1 风险分级表

后果f / 风险级别(大小) / 可能性(p)	轻度损失(轻微伤害)	中度损失(伤害)	严重损失(严重伤害)
很大	Ⅲ	Ⅳ	Ⅴ
中等	Ⅱ	Ⅲ	Ⅳ
极小	Ⅰ	Ⅱ	Ⅲ

Ⅰ—可忽略风险；Ⅱ—可容许风险；Ⅲ—中度风险；Ⅳ—重大风险；Ⅴ—不容许风险

4. 风险的控制

在实际应用中，应根据风险评价所得出的不同风险源和风险水平，选择不同的控制策略。第一类危险源可以采用消除危险源、限制能量和隔离危险物质、个体防护、应急救援等方法。建设工程可能会遇到不可预测的各种自然灾害所引发的风险，只能采取预测、预防、应急计划和应急救援措施，尽量消除或减少人员伤亡和财产损失。第二类危险源的控制可以通过提高各类设施的可靠性以消除或减少故障、增加安全系数、设置安全监控系数、改善作用环境等实现。

5. 生产安全事故应急预案

生产安全事故应急预案是事先制定的关于生产安全事故发生时进行紧急救援的组织、程序、措施、责任及协调等方面的方案和计划，是针对特定的潜在事件和紧急情况发生时所采取措施的计划安排，是应急响应的行动指南。

生产安全事故应急预案的主要内容包括：

①制定应急预案的目的和适应范围。

②组织机构及其职责。明确应急预案的救援组织机构、参加部门、负责人和人员及其职责、作业和联系方式。

③危害辨识与风险评价。确定可能发生的事故类型、地点、影响范围及可能影响的人数。

④程序和报警系统。包括确定报警系统及程序、报警方式、通信联络方式以及公众报警的标准、方式、信号灯。

⑤应急设备与设施。明确可用于应急救援的设施和维护保养制度，明确有关部门可利用的应急设备和危险检测设备。

⑥救援程序。明确应急反应人员向外求援的方式，包括与消防机构、医院、急救中心的联系方式。

⑦保护措施程序。保护事故现场的方式方法，明确可授权发布疏散作业人员及施工现场周边居民命令的机构及负责人，明确疏散人员的接受中心或避难场所。

⑧事故后的恢复程序。明确决定终止应急、恢复正常秩序的负责人，宣布应急取消和恢复正常状态的程序。

⑨培训与演练。包括定期培训、演练计划及定期检查制度，对于应急人员进行培训，并确保合格者才能上岗。

⑩应急预案的维护。更新和修订应急预案的方法，根据演练、检测结果完善应急预案。

6. 安全事故处理

(1)生产安全事故处理的原则

根据国家法律法规的要求，在进行生产安全事故报告和调查处理时，要坚持实事求是、尊重科学的原则，既要及时、准确地查明事故原因，明确事故责任，使责任人受到追究，又要总结经验教训，落实整改和防范措施，防止类似事故再次发生。因此，对安全事故必须坚持“四不放过”的原则：事故原因没查清楚不放过；责任人员没有受到处理不放过；职工群众没有受到教育不放过；防范措施没有落实不放过。

(2)安全事故处理程序

①事故现场处理。事故发生后，事故发生单位应当严格保护事故现场，做好标识，排除险情，采取有效措施抢救伤员和财产，制止事故蔓延扩大。

②事故调查。事故发生后，事故发生单位接到事故报告后，应立即赶赴现场组织抢救，并迅速组织调查。事故现场要建立安全事故登记，并根据严重程度组成相应的调查组来进行调查，如伤亡事故由企业主管部门会同企业所在地区的行政安全部门、公安部门和工会组成事故调查组进行调查，与事故发生有直接利害关系的人员不得参与调查。

③现场勘察

在事故发生后，调查组要迅速到现场进行勘察。现场勘察时技术很强的工作，涉及广泛的科技知识和实践经验，对事故现场的勘察必须及时、全面、准确、客观。现场勘察的主要内容有现场笔录、现场拍照、现场绘图等。

④分析事故原因。通过全面的调查来查明事故的经过，弄清造成事故的原因，包括人、物、生产管理和技术管理等方面的问题，经过认真、客观、全面的分析，确定事故的性质，以及事故中的直接责任者和领导责任者，再根据其在事故中的作业确定主要责任者。

⑤制定预防措施。根据对事故原因的分析，制定防止类似事故再次发生的预防措施。同时，根据事故后果和事故责任应负的责任提出处理意见，做到“四不放过”原则。对于重大未遂事故也不可掉以轻心，应严肃查找原因，分清责任，严肃处理。

⑥撰写调查报告。调查组应把事故发生的经过、原因、责任分析、处理意见以及本次事故的教训和改进工作的建议等写成报告，经调查组全体人员签字后报批，如调查组内部意见不统一，应弄清意见分歧的原因，对照法律法规进行研究，统一认识。

⑦事故的处理结案。调查组在调查工作结束后的十日内，应当将调查报告送组成调查组的建设行政主管部门及调查组的其他成员部门审批。经组成调查组的部门同意，调查组的调查工作即告结束。

[例题 8－1] 某市属工程公司在室内高架线路的混凝土工程施工过程中出现了局部坍塌事故。调查组经技术鉴定认为是施工单位未向监理报批，擅自拆模过早，混凝土未达到足够的强度造成的。由于发现及时，没有造成重大损失，估计损失不足 4 万元，且未造成人身伤亡。问题：(1)该质量事故属于哪一类工程事故？监理单位是否参加质量事故调查组？(2)工程质量事故处理的依据是什么？(3)发生此质量事故后，在质量事故调查前，总监理工程师应做哪些工作？(4)此质量事故的技术处理方案应该由谁提出？事故处理的基本要求是什么？

答：(1)①该质量事故属于一般质量事故。理由：工程质量事故未造成人员伤亡，属于一般质量事故。②监理单位可以参加质量事故调查组。理由：质量事故的发生是由于施工单位擅自拆模过早引起的，属于施工单位责任，监理方无责任，所以监理单位可以参加质量事故调查组。(2)进行工程质量事故处理的主要依据有四个方面：一是相关的法律法规；二是具有法律效力的工程承包合同、设计委托合同、材料或设备购销合同以及监理合同或分包合同等合同文件；三是质量事故的实况资料；四是有关的工程技术文件、资料及档案。(3)工程质量事故发生后，总监理工程师应签发《工程暂停令》，要求暂停质量事故部位和与其有关联部位的施工，要求施工单位采取必要的措施，防止事故扩大并保护好现场。同时，要求质量事故发生单位迅速按类别和等级向相应的主管部门上报。(4)①质量事故技术处理方案一般由施工单位提出，经原设计单位同意签认，并报建设单位批准。对于涉及结构安全和加固处理等的重大技术处理方案，一般由原设计单位提出。必要时，应要求相关单位组织专家论证，以确保处理方案可靠、可行，保证结构安全和使用功能。②事故处理的基本要求包括：安全可靠，不留隐患；满足建筑物的功能和使用要求；技术上可行，经济上合理。

复习思考题

1. 什么是质量？阐述工程质量控制的特点？
2. 如何进行施工阶段的质量控制？
3. 工程事故发生的原因包括哪些？发生安全事故时应该如何处理？
4. 如何进行风险源评价？
5. 简述安全事故处理的程序。

第 9 章 计算机在工程概预算中的应用

9.1 概述

9.1.1 国内外计算机辅助工程概预算的发展现状

早在 20 世纪 60 年代，一些发达国家就已经开始利用计算机来进行造价工作了，起步比我国早十年。我国的造价软件主要运用于工程造价的控制，国外一些国家的造价软件则使用范围更为广泛，主要运用于三个方面：利用价格管理、已完工程数据、造价控制和估计等。应用软件的首要原则是满足用户的需求，各国的造价管理的特点不同，所以造价软件的特点也各不相同。

PSA（物业服务社）作为英国官方建筑业物价管理部门已在许多价格管理领域成功地运用了计算机技术。它的主要工作是将收集来的投标文件中的各项目造价进行加权平均，通过计算得到投标价格指数和平均造价，然后将所得数据发布出去，供相关人员参考。

英国的 BCIS（Building CostInformation Service，建筑成本信息服务部）作为英国建筑业最具权威的信息中心，主要从事收集各种已完工程的资料，将这些资料存入数据库，保持数据库资料及时更新，以便其成员单位能得到最新的数据资料。与我国造价领域不同的是，国际上各国的工程造价彼此关系较为密切。正因如此，由 CEEC（欧洲建筑经济委员会）成立了专门从事成员国之间的造价信息交换服务工作的造价分委会（Cost Commission），给各成员国的工程造价工作带来了极大的方便，不仅能保证各成员国之间信息交换的方便和快速，而且具有较高的权威性。目前我国还没有类似的工程造价信息系统，国外发达国家的成果值得我国建筑业学习和借鉴。

发达国家在软件开发阶段遇到的较大困难是预算阶段的工程量计算方面，从目前资料来看，这些国家的工程量计算软件在与 CAD 的结合上还未获得较大突破，只有由加拿大的 Revay 公司开发的成本与工期综合管理软件（CT4）在造价控制领域还占有一席之地。

9.1.2 工程概预算计算方法的发展历程

随着科学技术和建筑行业的蓬勃发展，造价软件被引入到建筑行业，其中预算软件是最早被引入到建筑行业的软件，预算软件的出现使工程量的计算方法发生了重大变革，给造价人员带来了福音。从我国实行工程量计算方法以来，先后出现了手工算量、表格算量和软件算量等计算方法。

1. 手工算量方法

在传统的手工算量时期，造价人员拿到施工图纸后，首先要对整套图纸非常熟悉，从而能在脑海中形成工程量计算的大体框架，然后才开始进行工程量的计算。算量人员在进行工程量计算的过程中，有时为了避免重算、漏算情况的发生，要根据施工规范、施工顺序、各分部分项工程间的施工关系对各分部分项工程进行分析，从而使计算出的基本数据(如"三线一面")能够重复利用。

手工算量的过程非常复杂烦琐，重复性工作很多。为了适应建筑行业的不断发展，手工算量不断发展改进，工程造价人员在不断地手工算量过程中逐渐摸索出一种新的工程量计算方法——表格算量法。

2. 表格算量方法

表格算量法是在手工算量不断改进的基础上出现的，它是手工算量到软件自动算量的过渡，是最初被引入到工程造价中的算量软件。

表格法计算工程量的思路是先在表格软件中预置好各类公式和使用格式，然后利用计算机表格软件高效的数字处理功能，将输入到表格中的工程量计算式快速准确地计算出结果。

表格算量法虽然大大减少了造价人员的计量时间，但却没有从根本上改变手工算量的模式，计算过程仍然十分烦琐。随着软件的进一步改进，自动算量软件应运而生。

3. 计算机软件算量方法

该方法是把工程量计算式输入到软件的方式实现工程量的计算的。此时的工程量计算软件已经可以通过运用统筹法原理，开发出相应的关联功能，这项功能在计算某子目工程量时可以利用其他子目中已有的工程量来减少重复计算。但是工程量计算软件仍然无法从根本上解决工程量计算的效率问题，图形算量软件经过十多年的开发应用，从不同角度和层面上，较好地解决了工程量的计算问题，形成了比较完整的工程造价软件系统。

9.1.3 工程量计算软件的分类

1. 建设工程套价系列软件

此软件通过建立定额数据库、材料价格数据库、取费程序数据库等，提供了使使用者方便查套定额的可视化操作界面，实现了定额的套价计算、材料汇总分析、工程取费计算以及报表打印输出等功能，从而满足了概预算编制人员对定额套价计算的要求。该软件全面实现了定额数据的宏变量化，并且将"传统定额管理、新的量价分离、接轨国际惯例"结合了起来，可适应不同的需求。

此软件要求工程量的计算基本由人工完成，在软件中输入工程量的结果或输入工程量的计算表达式，由软件完成对该表达式的计算功能，然后利用软件来自动计算工程造价和汇总、分析。

2. 图形工程量自动计算软件

图形工程量自动计算软件是以绘制工程简图的形式，输入建筑图、结构图，自动计算工程量，同时能自动套用定额的相关子目，并能生成各种量报表的软件。使用概算软件工作效率高、计算准确，能够极大程度地减轻手工计算量的工作负担。此类软件有着强大的绘图功能，并在实用性、易用性方面有了进一步的优化。可以将定额项目和工程量直接导出到套价软件，极大地提高了工作效率。

3. 钢筋用量自动计算软件

钢筋计算软件采用构件图标公式法，对钢筋构件进行分类，然后制作出每种类型的常用钢筋构件图标。钢筋工程量计算程序使用钢筋计算 CQ 宏语言编制，具有智能感知功能。

此软件利用模拟施工图的直观方法在图上直接标注数据，然后自动计算钢筋的下料长度和重量，自动进行钢筋翻样，从根本上解决了钢筋计算的烦琐，以及重算、漏算多等问题，实现了钢筋计算的自动化。

4. 建筑自动计算软件

工程量自动计算软件采用了图形矩阵法数字模型、图形算量三维扣减、可视智能图形算量的原理。自动算量的方法是：采用轴线图形法——即根据工程图样纵、横轴线的尺寸在电脑屏幕上以同样的比例定义轴线。然后，使用软件中提供的特殊绘图工具，依据图中的建筑构件尺寸，将建筑图形描绘在计算机中。计算机根据所定义的扣减计算规则，采用三维矩阵图形数学模型，统一进行汇总计算，并打印出计算结果、计算公式、计算位置、计算图形等，以方便甲乙双方审核和核对。计算的结果也可直接套价，从而实现了工程造价预决算的整体自动计算。

9.1.4 计算机辅助工程概预算特点

1. 操作简单

算量人员只要掌握基本的画图知识就可完成绘图过程，通过简单的鼠标点取就可以生成三维构件，形象直观。

2. 编制速度快

直接利用设计单位建施或结施 CAD 文档，能直接实现 CAD 与算量软件之间的转换，能在 CAD 环境下做模式识别。用户若没有电子文档，也可利用系统提供的多种工具自己建模。

3. 精确度高

与手工算量相比，三维算量软件的精确度提高了很多，这是由于对于一些结构复杂的构件，三维算量可以通过三维空间实现自动扣减，计算结果误差非常低，而手工算量由于要进行人为扣减，可能还出现人为引起的失误，其精确度远远低于软件算量。

4. 三维直观

由于软件在绘图过程中可以实现三维视图，算量人员可以在三维立体化可视环境下观察到整个建模和计算的过程，并能通过软件所提供的各种三维可视化查询和修改工具，对所建模型的细节进行修改和操作。

5. 功能完备

不仅可以编制工程概预算，而且能够对概预算定额、材料价格和单位估价表进行即时、动态的管理，提高了造价管理的整体水平。

9.2 计算机辅助工程概预算系统

9.2.1 计算机辅助工程预算系统的功能

目前的计算机辅助工程预算系统，一般都提供了工程项目管理、工程定额管理、费用管理及预算编制四大功能，以供操作选择。另外还提供了图形算量的功能。

1. 工程定额管理功能

概预算定额库是根据各地区的概预算定额、间接费定额、材料设备价格及选价汇编等建立的。它包括定额库文件、补充定额库文件和价格文件。定额管理功能是对定额数据进行管理的，可以对定额库进行查询、修改、补充等操作。如果今后用到补充项目，也随时可以编入。

2. 工程项目管理功能

主要是对项目管理库进行工程登录、查询、补充数据、技术经济指标分析及了解预算工作进度等操作。项目管理库的作用在于：每项工程都在编制预算前把各种基本特征数据（工程名称、建设单位名称、施工单位名称、工程结构类型、取费类别等）输入了该库，并在预算结束后把各种造价分析数据（建筑面积、定额直接费、综合间接费等）也补充在了该工程记录内。

3. 工程费用管理功能

主要是对预算费用项目及其标准的费用数据库进行查询、修改、补充等操作。把规定的各种间接费及材差取费标准录入费用数据库，以备电算查询引用。

4. 工程预算编制功能

具有初始数据输入、补充或换算定额数据输入、对所输入的数据打印供校对用（如有输入数据错误可选用修改功能进行修改）、预算计算、自动打印出一份完整的工程预算书文件（可根据需要选择或全部打印实物工程量直接费计算表、其他费用表、材料分析表、材料汇总表等）等子功能。

5. 工程图形算量功能

目前主要有作图法和识别CAD图法，可帮助预算人员快速利用图纸计算工程量。

工程概预算电算必须熟悉掌握电算软件的使用说明、以及工程初始数据的输入方法和要求，从而保证工程初始数据输入的正确无误。

9.2.3 概预算软件系统设计

1. 系统设计目标

系统设计的5个目标：

①实现多种类型的工程预算功能。集成多种类型的工程定额，在不同类型的工程进行新增、定额选取时，进入不同的子系统，相当于使用一个集成多个预算软件的功能强大的系统。

②把工程定额信息划分为通用和具体两类，以提高系统重用性。实际情况中的定额有很多在多种类型工程中都会重复出现，将其称为通用定额，也就是一般化的定额，与之对应的就是特殊化的定额，这是针对不同的工程种类分别记录的定额，定额信息都需要事先录入到定额信息库中。

③实现方便、准确的数据查询。用户能够使用与之访问权限相对应的查询功能，在页面中输入查询限定条件，快速、方便地从数据库中查询数据，并及时在页面上查看查询结果。关于查询条件，页面中有相对应的提示操作，页面会将可用的查询条件罗列，供用户选择。

④用户角色和权限设置。系统权限的设计是系统安全设置必须要考虑的问题，关于用户的访问权限，分等级地设置了超级管理员、基本数据管理员、工程管理员以及普通用户几类。通过页面登录、输入用户名和密码的方式，判断用户的使用、访问权限，从而开放其能够操作的功能，屏蔽其无权操作的功能。

⑤实现系统的数据、控制和表现的分离。将数据层的定义和操作分开处理，将用户要求和后台数据分开处理，实现数据和系统的清晰的关系分离，为后续的系统维护和系统扩展提供便利。

2. 工程分类

由于项目工程涉及的内容较多，流程较为复杂。项目工程可以分为两大基础类：一是市政工程；二是其他工程。其中，市政工程又可以细分为七类子工程；其他工程则可以细分为五个子工程。该工程分类属于国家相关部门所颁发和制定的，作为各类项目工程分类的标准和依据。图9-1所示为项目工程的基础分类。

在工程分类设置的基础上，国家相关部门对项目工程定额的分类专门进行了设置。由于项目工程类别的不同，其工程定额涉及的要素也各不相同。通常情况下，工程定额能够被分为两个基础部分：一是通用工程定额；二是具体工程定额。

3. 系统模块设计

计算机辅助工程概预算主要包括五个模块：新建工程模块、工程定额管理模块、工程预算模块、市场信息管理模块和用户管理模块。工程造价预算系统模块结构设计如图9-2

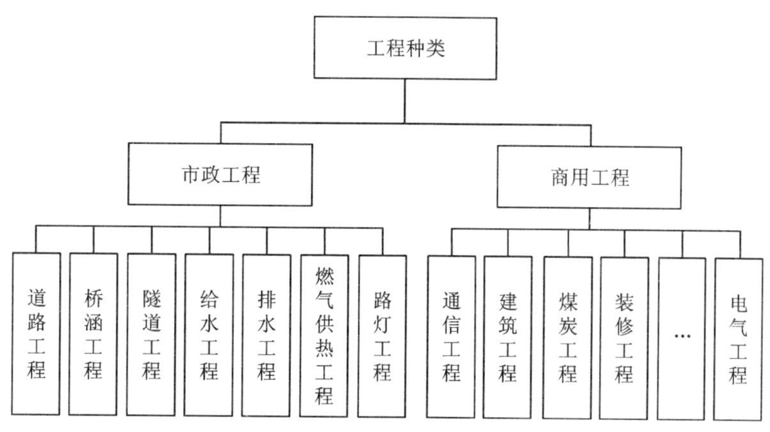

图 9-1 项目工程的基础分类

所示。

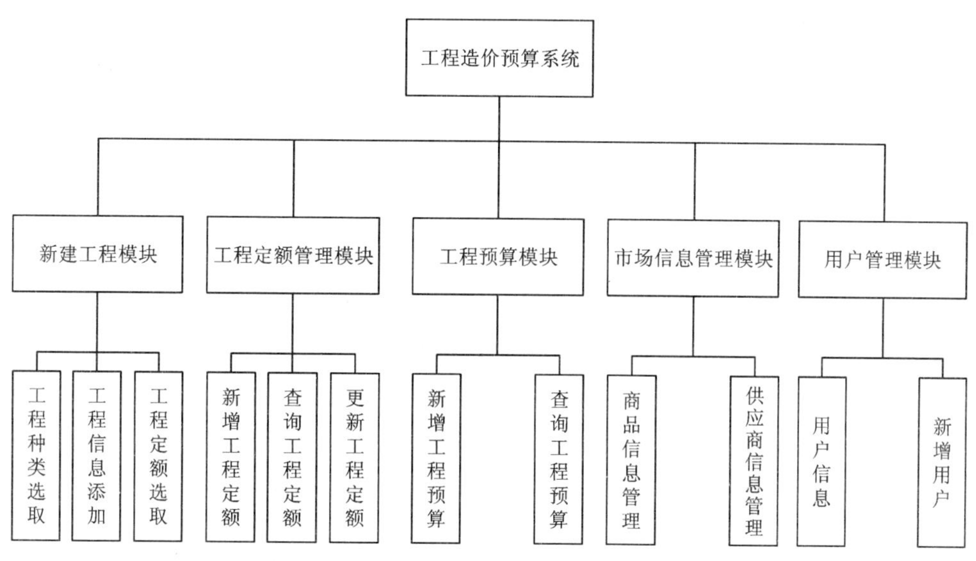

图 9-2 工程造价预算系统模块结构设计

(1)新建工程模块

新建工程包含工程种类选取、工程信息添加和工程定额选取，由工程管理人员操作该模块。工程种类选取是用来确定工程属于市政或者商用工程中的哪一种的，系统会生成一个唯一的工程编码，用来表示工程。种类确定以后，就可以添加工程信息，包括负责人、工程起止时间、工程名称、工程内容等。工程信息添加完成后，要选取工程定额，这是工程预算的重要部分。

新建工程模块完成的工作是向工程数据库中添加新工程，并选择新的工程定额的工作，选择工程定额是在工程定额管理模块的基础上实现的。

(2)工程定额管理模块

工程定额是工程造价预算的重要组成部分，本系统中的定额数据库包括多个种类工程的定额，新建工程之后，要从定额数据库中选取对应类型的工程定额。工程定额管理包括新增工程定额、查询工程定额和更新工程定额，新增和更新这两部分由工程定额管理人员操作。工程定额是一个较复杂的规范体系，需要把定额数据转换为关系型数据表，并存入后台数据库。查询工程定额是利用某些条件进行查询的。

(3)工程预算模块

工程预算是本系统的关键部分，工程预算模块的主要功能是在工程定额选取的基础上，计算工程造价费用。由于工程预算涉及的费用种类较多，所以除了工程定额费用的计算，还包括其他多种类型的费用。预算包括直接费用和间接费用两大板块。直接费用包括直接工程费和措施费，间接费用则包括规费和企业管理费。直接工程费是和定额相关的费用，需要参考工程选取的定额，其他费用则由工程预算人员分别统计和输入，并最终计算出总预算。

(4)市场信息管理模块

市场信息管理包括商品信息管理和供应商信息管理两部分。市场信息管理模块实现的功能是录入、更新、删除商品信息和供应商信息，用户可以通过查询该模块的信息，比较商品价格，为预算提供参考。该模块是为工程预算人员提供市场价格参考的部分，数据库中存储了大量商品和供应商信息，有商品编号、商品名称、产地、商品价格、供应商编号、供应商名称、供应商地址、信用等。

(5)用户管理模块

用户管理模块主要包括用户角色的创建和权限控制，对不同的用户会赋予不同的权限，如普通用户只能浏览系统中的部分信息，超级管理员能够创建其他的用户角色，分别负责工程定额管理、工程信息管理、工程预算管理、市场信息管理等工作。

9.3 计算机辅助工程预算系列软件简介

目前全国各地所采取的定额不同，定额栏目各异，因此，概预算软件的应用有很大的地区性限制。目前的概预算软件一般都建立了不同地区的不同定额库(如建筑安装工程、装饰工程、市政工程、房屋维修工程定额库)，以适应不同地区不同的预算要求。

目前市面上广泛应用的概预算软件，包括广联达、智多星、斯维尔、鲁班、神机妙算、易表、E算量、鸿叶、算王、金格等。下面介绍一些比较有代表性的预算软件。

9.3.1 广联达概预算软件

目前市场上使用的各类工程量计算软件中，广联达图形算量软件是应用最广泛的一款软件。广联达图形算量软件采用建模的方法，从三维空间考虑各类构件之间的扣减关系，以表格输入作为补充，内置全国各地清单、定额计算规则，运用三维计算技术，按照实际进行扣减。它具备了提供三维建模和工程量表、提高开放性等一系列处理方法和功能，算量软件的总体功能模块见图9-2。广联达图形算量软件将绘图和CAD识图功能合为一体，已经按照计算规则编制好，在导图过程中只需根据图纸提供的信息进行构件属性的定义，软件就能按照内置的计算规则，自动完成构件的扣减，从而得出正确的计算结果了。它不仅帮助算量人员从繁杂的手工算量工作中解放了出来，还在很大程度上提高了算量工作的精度和效率。

9.3.2 斯维尔概预算软件

斯维尔算量软件与众不同的是把工程量和钢筋整合在了一个软件中，在建筑构件图上直接布置钢筋，可输出钢筋施工图。把工程量和钢筋放在一个软件中在国内是它的独创，其优点是可以充分利用工程量软件中的数据和设计院的电子文档，避免重复输入，尤其是利用CAD强大的图形和计算功能，能解决一般钢筋软件图形功能薄弱和对异型构件无法计算的问题。其缺点是增加了开发难度，也增加了系统的不稳定因素。

9.3.3 鲁班概预算软件

鲁班软件(集团)研发了有土建、钢筋及安装的算量软件与计价软件。鲁班算量软件可以智能识别二维图纸，并将其转化为BIM模型，借助模型导出工程量计算书，并将导出的计算书直接导入造价软件中，然后套取相应的清单定额，框选图形并生成造价报表。

鲁班算量软件因为只关注于工程量计算，所以无其他配套计价软件，它的优点在于其文件格式开放，可被其他软件识别调用，鲁班系列软件之间也能实现数据的交换和共享。

9.3.4 神机妙算软件

神机妙算是同类软件中成立较早的公司，其系列产品为工程量、钢筋翻样和清单计价三个，各地都能根据本地的定额、计算规则和特殊情况进行充分的本地化。神机妙算工程量软件中的数据可直接被计价软件所调用，钢筋翻样软件在抽取钢筋的同时能计算砼和模板的量，钢筋翻样主要采用图库、参数和单根的方法，其常用模式是表格法，即在某种构件图库的下面用表格进行输入，这样可以提高数据录入的速度。表格法还能直接调用单根钢筋图库中的钢筋，解决构件中一些无法计算的钢筋类型。

神机妙算软件的缺点是缺少图形功能。神机软件用DELPHI语言开发，而不是在图形功能强大的AUTOCAD上开发，也无与CAD的连接接口，故遇到几何形状复杂的工程就显得无能为力，尤其是钢筋软件，只有图库，没有图形输入法，而图库做得再多再好也是无法穷尽的。

9.3.5 智多星预算软件

《智多星工程项目造价管理软件》系湖南智多星软件股份有限公司自主研发的一款用于工程项目预算、招标、投标、项目审计审核、竣工结算的专业性工程造价管理软件。该软件采用国内优秀、独特的PMOC(ProjectManageOfCost)技术，支持多单项工程与多专业单位工程的造价管理，为建设项目全过程到全生命周期的造价管理提供了最完美的解决方案。

智多星造价软件能结合实际工程的工程量计算结果，按照定额编号输入工程量数据，并进行必要的定额换算；指定某一期的材料文件，修改软件中已有的材料市场价格，确定材料价差；按照相应的造价计算过程，确定安装工程的造价。

以一个工程为例，运用工程量自动计算软件计算工程量，并将工程量计算软件的最终结果传输到概预算软件中，运用概预算软件完成定额套用与调整、工料分析、造价调整、费用计取、报表编制，制作一份完整的工程概预算文件。

参考文献

[1] 成虎. 工程项目管理[M]. 3 版. 北京：中国建筑工业出版社，2009.
[2] 林立. 建筑工程项目管理[M]. 北京：中国建材工业出版社，2009.
[3] 田金信. 建设项目管理[M]. 2 版. 北京：高等教育出版社，2009.
[4] 宋敏，杨帆，冯丽杰. 工程计量与计价[M]. 武汉：武汉大学出版社，2014.
[5] 张怡，李莎. 建筑设备工程造价[M]. 重庆：重庆大学出版社，2007.
[6] 李海凌，安装工程计量与计价[M]. 北京：机械工业出版社，2014.
[7] 宁素莹. 建设工程造价管理[M]. 北京：知识产权出版社，2014.
[8] 张妍妍，黄朝广. 建筑设备安装工程概预算[M]. 上海：上海交通大学出版社，2015.
[9] 陶爱荣编著. 暖通那些事儿——清单计价篇[M]. 北京：机械工业出版社，2010.
[10] 沈巍，张电吉. 建筑设备安装工程工程量清单计价[M]. 北京：中国建筑工业出版社，2012.
[11] 申玲，戚建明等. 工程造价计价[M]. 4 版. 北京：知识产权出版社，2014.
[12] 李联友. 建筑设备施工经济与组织[M]. 武汉：华中科技大学出版社，2009.
[13] 严玲，尹贻林. 机械工业出版社，2014.
[14] 梁庚贺，王和平. 2004 年造价工程师继续教育培训教材[M]. 天津：天津人民出版社，2004.
[15] 王智伟主编. 建筑设备安装工程经济与管理[M]. 北京：中国建筑工业出版社，2002.
[16] 王俊安主编. 招标投标与合同管理[M]. 北京：中国建材工业出版社，2003.
[17] 陶学明主编. 工程造价计价与管理[M]. 北京：中国建筑工业出版社，2004.
[18] 林豹主编. 怎样编写建筑设备工程招投标文件[M]. 北京：中国水利水电出版社，2005.
[19] 郝建新编. 工程造价管理的国际惯例[M]. 天津：天津大学出版社，2005.
[20] 李富强，金俊主编. 给排水、采暖、燃气、热力设备安装工程预算知识问答[M]. 北京：机械工业出版社，2004.
[21] 周律编著. 环境工程技术经济和造价管理[M]. 北京：化学工业出版社，2001.
[22] 何耀东主编. 中央空调工程预算与施工管理[M]. 北京：中国建筑工业出版社，2001.
[23] 陆亚俊主编. 暖通空调[M]. 北京：中国建筑工业出版社，2002.
[24] 化工暖通设计技术委员会编著. 制冷工程设计实例图集[M]. 北京：中国建材工业出版社，1998.
[25] 张清奎，栾浩云编. 安装工程预算员必读[M]. 北京：中国建筑工业出版社，1993.
[26] 天津建委. 2004 年天津市设备安装工程预算基价[M]. 北京：中国建筑工业出版社，2004.
[27] 高群，曾庆林，李圆. 工程造价与控制[M]. 北京：机械工业出版社，2015.
[28] 贾仁甫. 工程经济学[M]. 南京：东南大学出版社，2010.
[29] 李雪淋、刘辉. 工程经济学[M]. 北京：人民交通出版社，2009.
[30] 陈锡璞. 工程经济[M]. 北京：机械工业出版社，2000.
[31] 王新哲. 零缺陷工程管理[M]. 北京：电子工业出版社，2014.
[32] 罗中. 建设工程项目管理[M]. 哈尔滨：哈尔滨工业大学出版社，2013.
[33] 王智伟. 建设设备安装工程经济与管理[M]. 北京：中国建设工业出版社，2003.
[34] 全国二级建造师执业资格考试用书编写委员会. 建设工程施工管理[M]. 1 版. 北京：中国建设工业出版社，2014.
[35] 李玉芬. 建筑工程概预算[M]. 2 版. 北京：机械工业出版社，2013.
[36] 吴贤国. 建筑工程概预算[M]. 2 版. 北京：中国建筑工业出版社，2007.